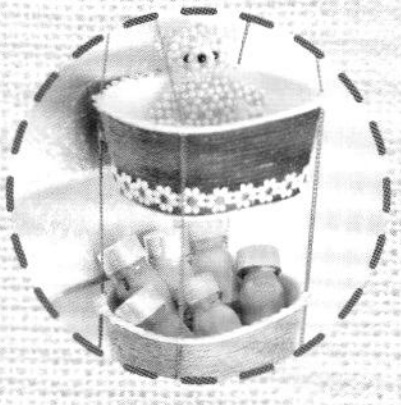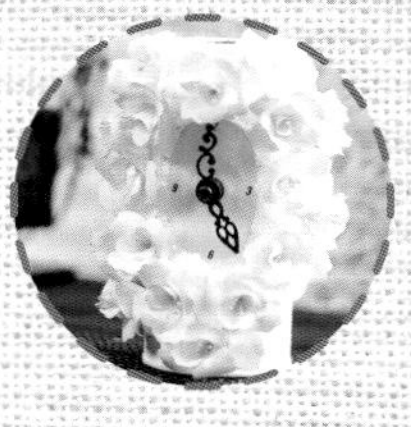

PETUNIA

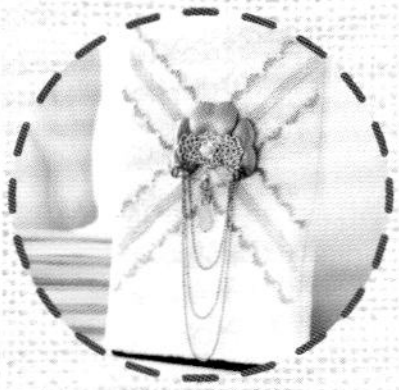

手創の幸福雜貨

人文的．健康的．DIY的
腳丫文化

自序

多年前，創意市集熱潮未起之時，喜歡手工創作的同好們的舞台似乎小得多，聲音也安靜得多，也許在書店門口或熱鬧的街頭，偶而要和警察先生們玩你追我跑的遊戲，但這股手創的熱潮卻持續默默加溫著；那時，我也是所謂擺攤創作者的一員。

有人問起：妳做什麼的？我總是不太回答我做的是手工藝，但卻要以手工藝這樣的認知做為解釋的出發點。於是，我在自己的網站給自己的工作起了個「手創藝術」的新名詞，並闡述「手工」和「手創」的差別在於除了原有的手工質感外，後者更加入了個人創意和風格，讓每一件手工創作出來的成品不但富有美感，還增俱創作者的情緒、情感和個性，這也就是作品獨一無二的可貴價值。

近年，創意市集熱絡的風潮裡嗅出「手創」這樣的詞語已和大眾如此親近，不禁欣慰的自想，我那細微的發聲是否也參與了一點力量。

手創品的魅力也來自於此，創作當下的心思和情感的溫度，使用著、欣賞著、穿戴著，就是可以感染到它獨特的氣質。我常想：手創還可以多貼近生活？讓這樣富有質感的作品加入我們生活的每一天，一定是幸福的吧！

寫到這裡，想說的是，在本書裡我想表達的不僅是作法與作品，更想帶給大家手創品也可以很居家的生活概念，希望透過這本書讓更多人一起感受到手創的熱情，讓每一位喜愛手創的朋友們都被這濃厚的幸福感包圍著。

目次

客廳
Living Room

時間的表情

浪漫花時計

「現在幾點了？」
每當回頭，此時經過的是一個什麼樣的時間？
等待的，歡笑的，靜默的……
也許是不捨的。

時間未曾為誰停留片刻，
沒有聲響，也從不主動讓你察覺它的存在；
而我們總是為時間穿戴了各式各樣的顏色和形狀。

「我希望每一刻都是美好的。」
用雙手的溫度為它拈好一朵朵淡雅的花，
每一朵花都是一抹微笑；時間對我的微笑。
在刻意或不經意時看見它，
時間的表情永遠如此美麗，如此溫暖。

做法
66頁

做法
67頁

換件新衣裳

貓咪抱枕套

真的好喜歡抱枕吶！
可愛的、美麗的、趣味的……
或躺或坐，窩在整沙發的抱枕堆裡，
竟有種幸福的滿足感呢！

「真希望全世界可愛美麗的抱枕都在我的沙發上」

放不下那麼多抱枕，
那麼來幫抱枕做件新衣裳如何？
花的布，紅的貓咪；
這是抱枕今天的新衣。

「嗯　下一件，我想要……」

Key Box
做法
68頁

華麗的提醒

鑰匙收納盒

「疑……明明放在這兒的……？」

就算不常用，也可能是支重要的鑰匙，
偶而需要時卻怎麼也想不起來放到哪兒去了。

不管是不是常用的，
有時習慣放在隨身的包包裡，
有時隨手擱在桌上或……？

東一支西一支的，總不是辦法，
做個掛盒來收納，再也不怕找不到了。

妝點我的最愛

銀彩馬克杯

玻璃馬克杯裝了八分滿的水，
光影從杯中透出，更顯它的晶瑩。

家裡有許多只馬克杯，
卻最愛這只透明的玻璃馬克杯；
喜歡它素色的淨美，
還有一眼看透的單純。

但是，好像少了點什麼？……

用金屬色澤來妝點它吧！
既保留了原有的質感，
更添一股高貴的氣質。

一道銀彩幻化出來的花朵，
讓我更愛不釋手了。

做法
69頁

廚房&餐廳

Kitchen & Dining Room

做法
70頁

圓和線的構成

鋁線點心盤

喜歡像歐洲中古時期的名媛貴婦一樣，
在下午的三點一刻，
悠閒的品嚐午茶。

但是要收拾點心盤子真是麻煩呢！
不如利用鋁線來做點心盤吧！
手感十足的點心盤造型簡單，
只要墊上一張蕾絲烘培紙就很美麗，
最重要的是省卻了清洗的麻煩。

今天的點心看起來更好吃了唷！

實用及美麗的延續

砧板掛鉤

我們是如何歡迎一事一物進入生活的呢？
一件衣裳，一只杯盤，
總是經過挑選、欣賞的眼光，
從商店、回家的路上然後加入我們每一天的生活；
因為喜歡，因為需要，
所以買下它，使用它，讓它陪伴。

一塊平凡的砧板，
少了它，太難切菜，也擔心傷了心愛的刀具呢！
因為愛物、惜物，
生了霉，佈滿了刀痕的木砧板，
也有了這樣不捨丟棄的情感。

來吧！
幫它塗上喜愛的顏色，
畫個圖，加個鉤，
廚房裡像多了一幅畫，
不離棄的美麗，會繼續綻放在生活裡。

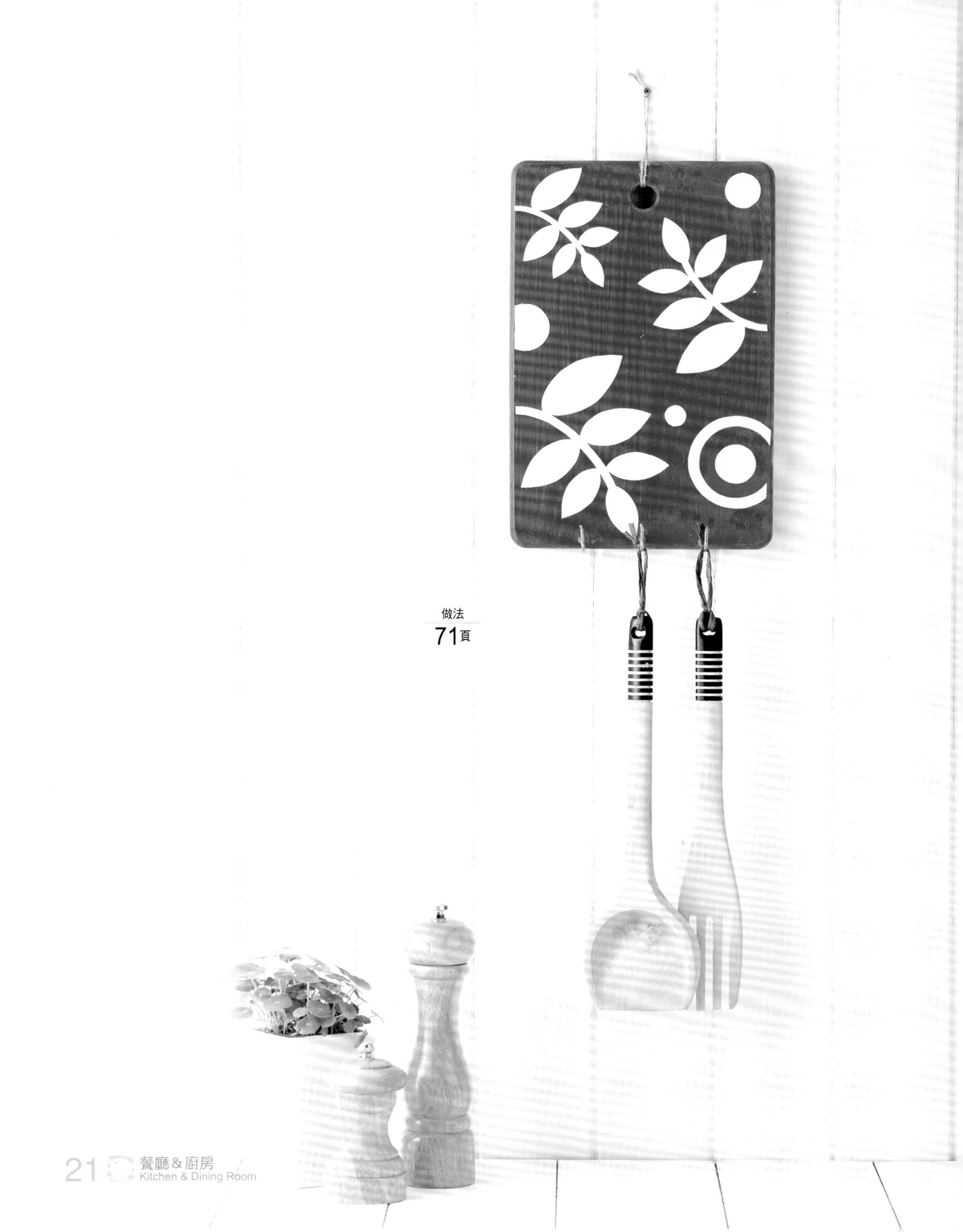

做法
71頁

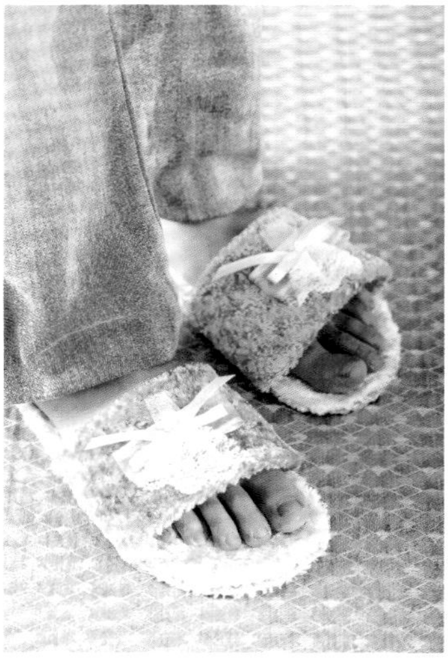

做法
72頁

也可以這麼有趣

抹布拖鞋

色彩鮮麗又有短絨毛的十元抹布，
就算赤腳踩著感覺也很舒服。

剪一剪，縫一縫，
一雙特製的抹布拖鞋穿在廚房到處跑，
可以順便擦拭地板呢！

「偶爾也會有想偷懶的時候，
但還是得打掃哦！」

彩珠亮晶晶

打蛋器吊燈

為了一時的烘培興趣而買了這支打蛋器，
熱情退卻之後，
捨不得丟也不想將它擱置，
於是開始動起腦筋盤算它……

「嗯，讓它變成發光體如何？」
用彩珠和亮片一一纏繞，
大的小的，圓的長的，
加個燈泡，
馬上成了一盞炫麗的吊燈囉！

做法 73頁

可愛實用小幫手

造型磁鐵

一顆顆黑不溜丟的小磁鐵，
可是生活中實用的好幫手；
廚房的冰箱上更是少不了它。

只要發揮一下想像力，
紙的，布的，各種奇奇怪怪的素材，
只要在背後粘上小磁鐵，
就是獨一無二的造型磁鐵，
這麼簡單又有趣的創作遊戲，
一定要試試！

做法
74頁

做法
75頁

迷你世界的奇想

小樹杯墊

一杯熱茶，片刻的寧靜，
思緒經常就這樣天馬行空地遊走了起來；
突然間，我走進了繽紛的迷你國度裡，
就像孩提時的童話，
到處都是柔軟的粉色系……

一回神，
奇想世界裡彩色的大草原，
和一棵棵可愛的小樹，
已是伴在熱茶杯下柔軟的杯墊了！

臥室
Bed Room

點亮一盞柔情

浪漫燭檯

喜歡在微暗的房內點亮一盞盞燭光，
由燈罩透出的點點光亮，
彷彿讓匆促的時間和緩了許多。

在這柔軟又浪漫的金色氛圍裡，
可以冥想，可以放空，
或讓所有緊繃的思緒釋放，
隨著升溫的氣流盡情馳騁……

做法
76頁

做法
77頁

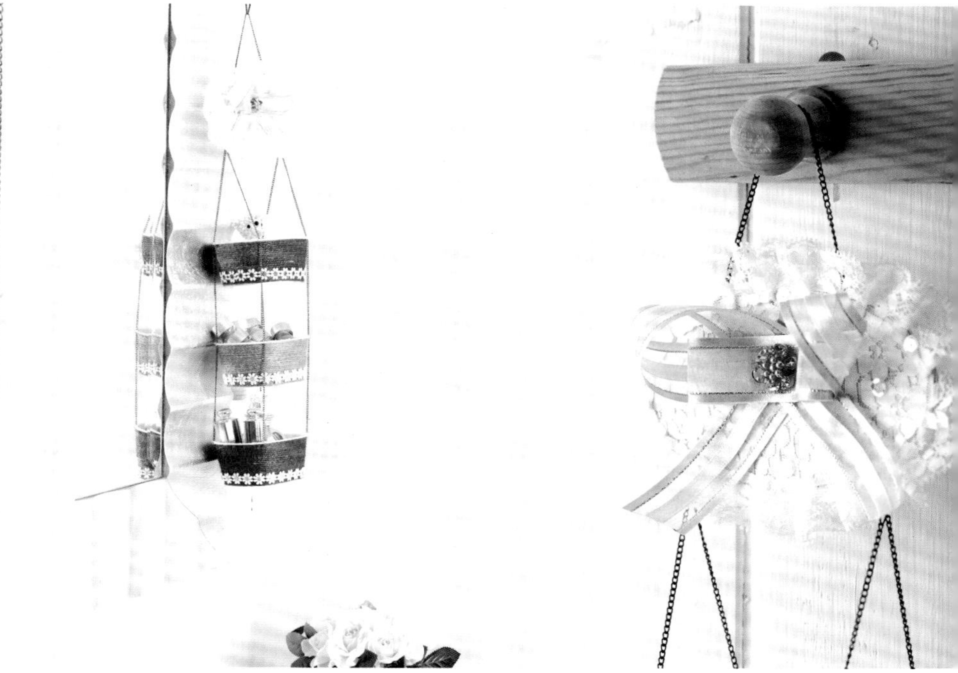

用創意便利生活

收納小吊籃

梳妝台上，
似乎永遠都有整理不完的瓶罐小物，
儘管新添了置物盒，
卻又縮小了桌面的使用範圍。

不如多利用角落和垂直空間，
留下幾個優格空盒吊成串，
就成了便利的收納用品，
掛在角落或桌邊，實用性十足呢！

夢幻黃金樹

首飾收納樹

漂亮的項鍊、戒指、耳環，
好難收納呀！
放在盒子裡時，
總是互相纏繞，拿取不便。

不妨把它們展示起來。
掛在可愛的小樹上，
既好看又好拿。

今天的約會該由哪一個來打扮我呢？

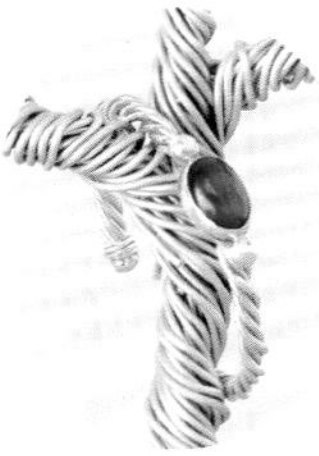

做法
78頁

做法
79頁

串起滿滿心願

幸福小吊飾

這是一串滿滿的心願，
也是一串美麗的備忘——
生活能像鳥兒般地自在無憂；
和諧的家庭，每一位家人都過得快樂；
心靈得到富足和寧靜……

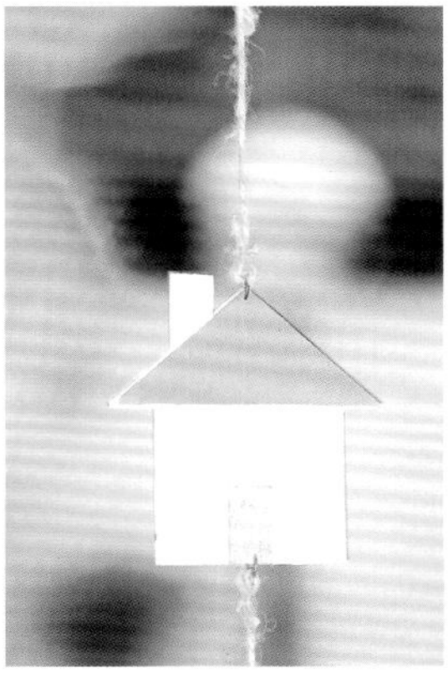

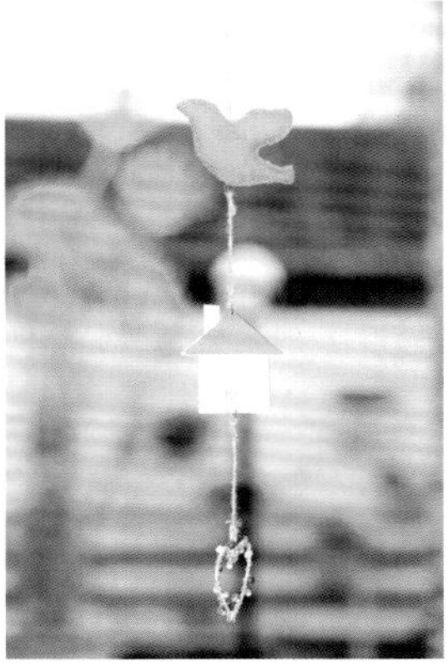

書房

Study Room

做法
80頁

小改變就能煥然一新

典雅書擋套

忘了哪一年買的鐵製烤漆書擋，
沉沉的黑色，
似乎少了一點溫暖柔和的氣質。

加上了手作的布質書擋套，
即使只是擺在書架的一角，
視覺上也煥然一新了。

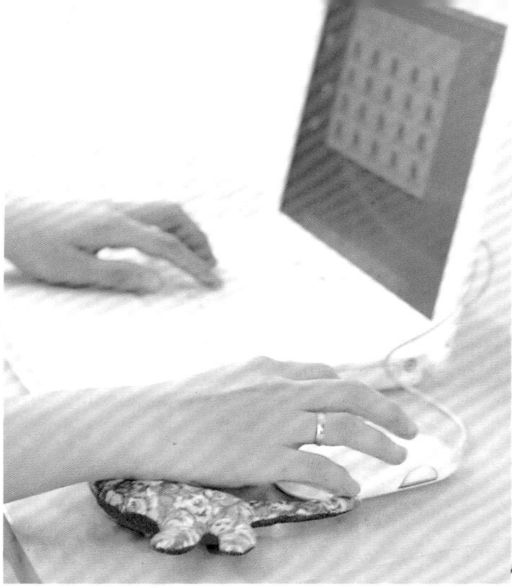

貓捉老鼠?

花貓護腕墊

筆記本裡塗ㄚ的貓咪，
躍上了布面，
做成可愛的護腕墊。

背部彎成優雅的曲線，
恰似掌腕間的弧度，完美極了。

今天起，
鍵盤邊開始了「貓捉滑鼠」的遊戲囉！

做法
81頁

做法
82頁

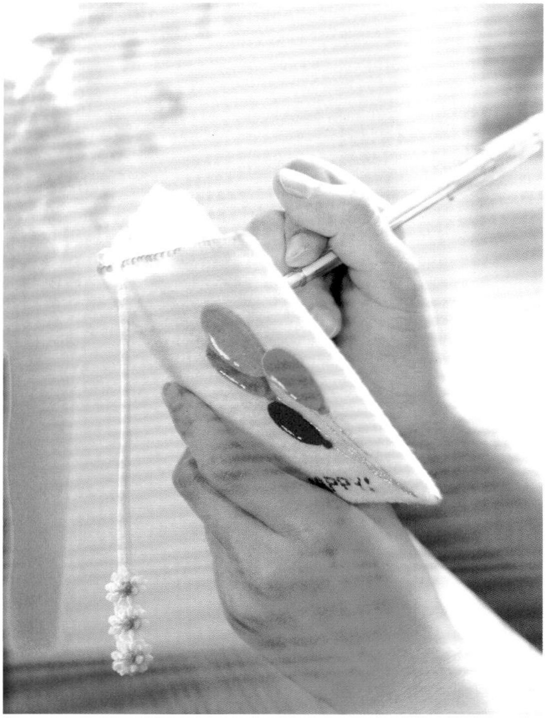

幫筆記本穿新衣

量身訂做小書套

包包裡總習慣隨身帶著筆記本，
除了方便記下重要的事物，
偶而也會寫下一些生活隨想。

時間久了，
筆記本的封面總難免有些磨損，
幫他們加上有保護功能的新衣裳，
就算是寫滿了的筆記本，
還是可以一一如新地保存下來；
日後翻閱，
就像看著一本本過往的生活記錄冊，
別有一番特別的感觸呢。

跳出方框框

造型書籤

印象中的書籤，
多是規矩的長方形，
生硬的輪廓線，
總是多了點嚴肅的感覺。

不妨隨手畫個圈，
不圓也沒關係，
襯貼上可愛的碎花布，
加上彩珠和亮片，
富有質感的造型書籤，
就把它夾藏在珍愛的書頁裡吧。

做法
83頁

浴室
Bath Room

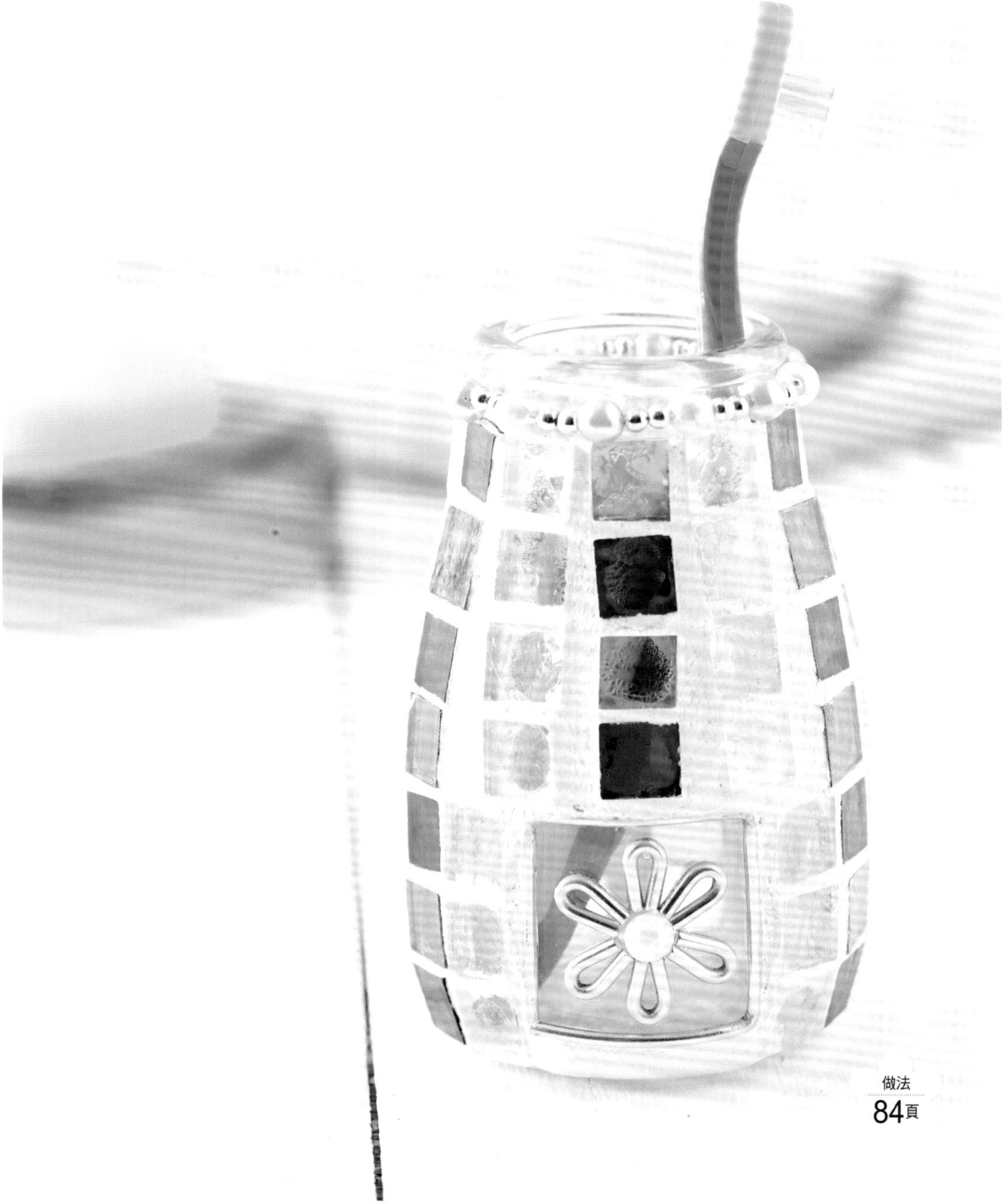

做法
84頁

馬賽克牙刷瓶

你的牙刷都放在哪兒呢？
漱口杯還是專屬的牙刷瓶？
小心漱口杯底會積水、長水霉喔！
只要花點心思，
利用各式各樣的飲料回收空瓶，
做個精巧的牙刷瓶，
讓漱口杯倒掛起來瀝乾，
就不會發霉了。

因這一份珍惜資源的心情，
會發現總有源源不絕的素材自日常生活中供應著。

回收到的不只是資源，
更是一種生活態度。

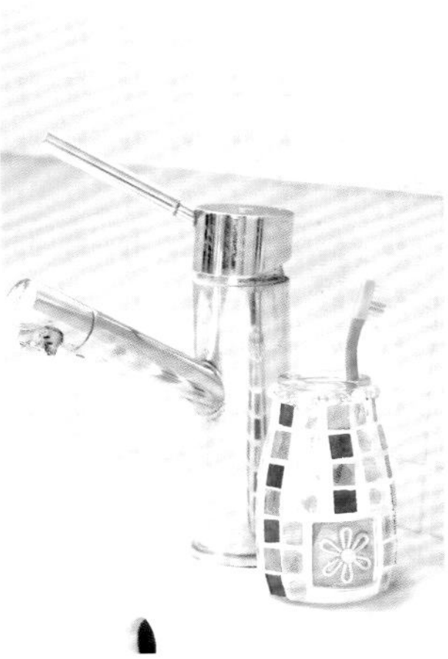

別出心裁的樂趣

貴妃椅香皂架

看看躺在貴妃椅上的是誰？
不是香妃而是香皂喔！

用淺淺的香檳金鋁線，彎折出優雅的螺旋線條，
加上彩珠點綴的小椅，
成了精巧的香皂架，
不鏽不積水，
浴室裡也有了別出心裁的樂趣！

做法
85頁

做法
86頁

妝點香氣

蕾絲芳香袋

罐裝的香氛品，
有時令我不知該擺哪兒好，
希望它是易收放，
能夠美化更好。

做個芳香袋，
可裝入芳香包、芳香球，
不想太嗆鼻的香氣，
那就放些乾燥花，
總之，
都是很方便替換的。

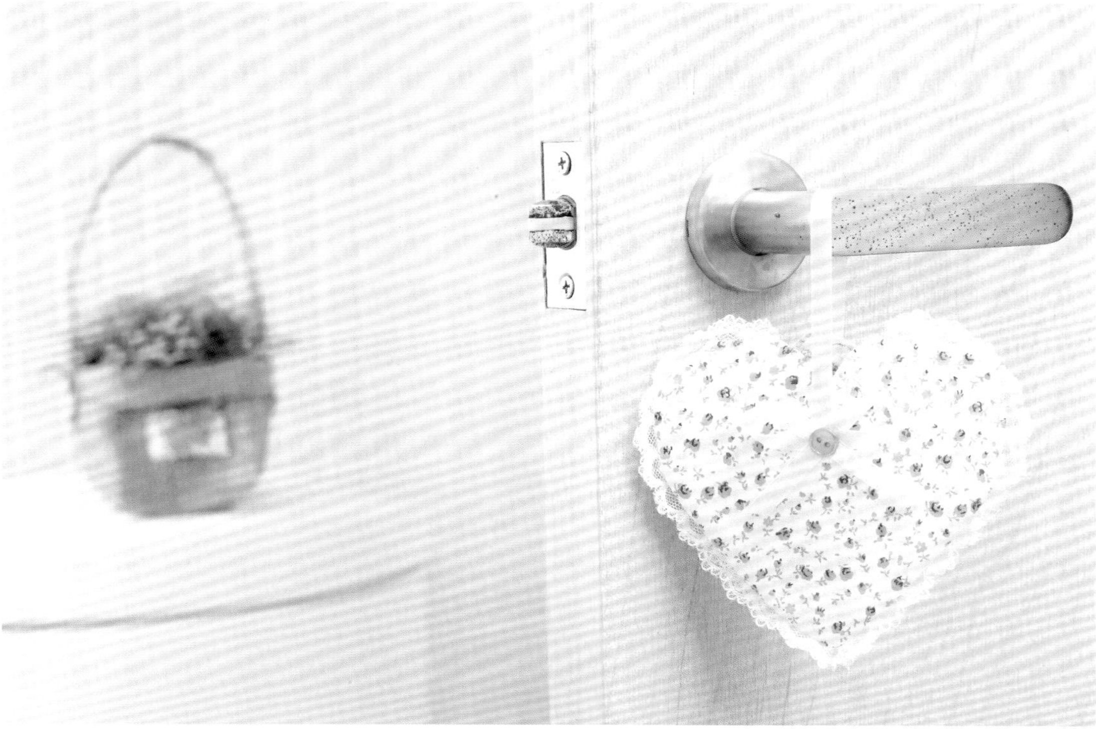

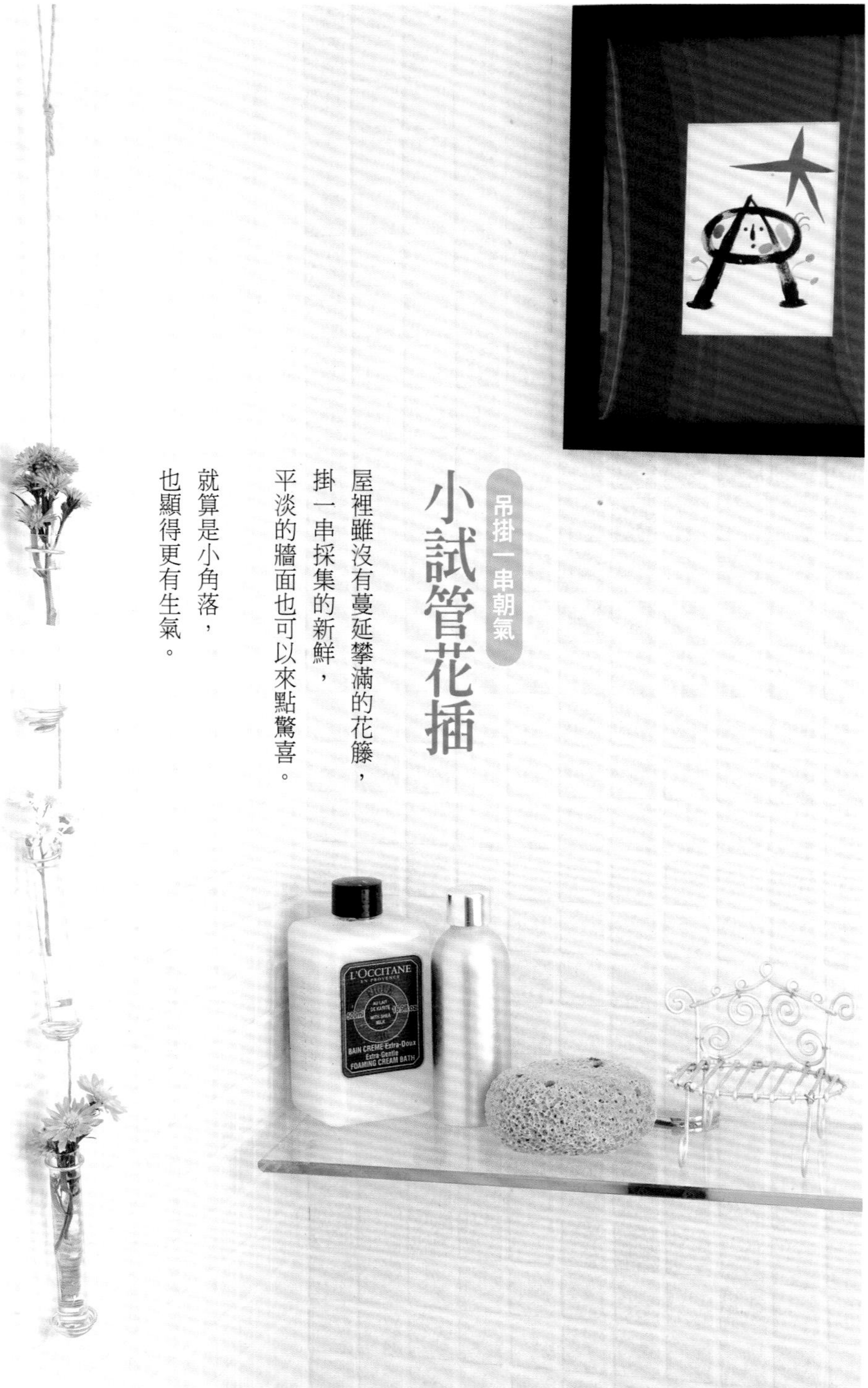

小試管花插

吊掛一串朝氣

屋裡雖沒有蔓延攀滿的花籐，
掛一串採集的新鮮，
平淡的牆面也可以來點驚喜。

就算是小角落，
也顯得更有生氣。

做法
87頁

陽
Balcony
台

做法
88頁

就是愛自然

麻布盆栽套

我愛上了這一盆又一盆的綠色小生命。
市場上，賣場裡，
總忍不住多看它們一眼。

我也愛生活裡有它們的陪伴，
覺得每一天都更有朝氣呢！

為了擺放或吊掛更靈活，
做個這樣的提袋，
可以換著放不同的小盆栽，
嗯！實在太方便了！

精靈的家

小屋花插

「花叢裡一定有精靈吧！」
小時候總這麼想。

小小的發著光的身體，
在葉片上輕盈地跳躍，
每一天開心地遊戲歌唱著……

可是風來了，雨來了，
精靈們該躲哪兒好？

來做個小屋花插，
讓精靈們從此安心地住下吧。

做法
89頁

做法
90頁

搭配蛋殼的好組合

迷你小花器

簡單的顏色，
簡單的造型，
簡單的線條，
偶而，也會崇尚簡單主義。

手編的麻花線條搭配圓圓的蛋殼，
就是這麼簡單的組合，
花朵卻被襯托得更明艷美麗了。

做法 DIY

浪漫花時計

作品→8頁

材料

- 洋芋片空罐1個
- 白色顏料少許
- 數字轉印紙1張
- 美術紙1張
- 時鐘機芯1個
- 人造花蕊少許

工具

- 筆刷
- 小鑷子
- 粘著劑
- 剪刀
- 美工刀

1 將洋芋片空罐均勻地刷上白色顏料。（可用壓克力顏料或白色水泥漆）

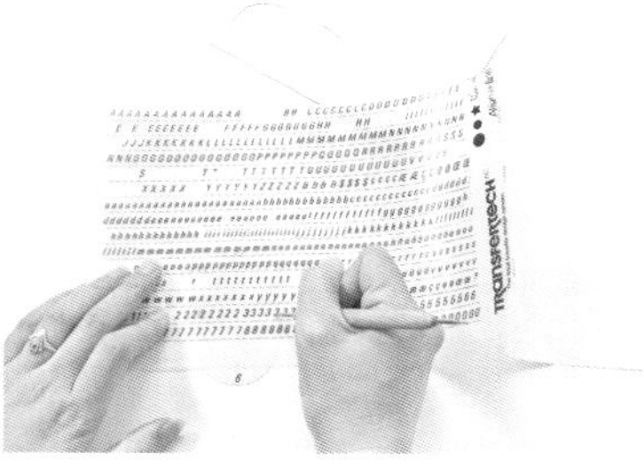

2 用美術紙剪下一橢圓形，並轉印上數字。（也可用手寫）。

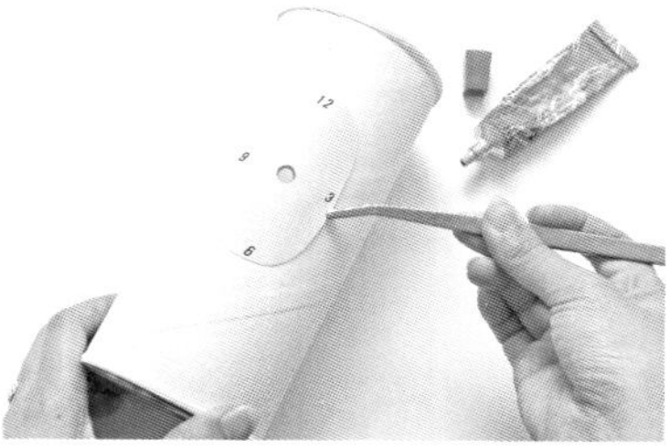

3 將橢圓形紙中心打出洞孔後貼上空罐。

4 對準橢圓形紙中心的洞孔，將罐子鑽出一個洞，放入時鐘機芯

5 組裝好時針及分針。（可按個人喜好在鐘面外圍黏上小珠子裝飾）。

6 用美術紙剪出花瓣形狀，加上人造花蕊做成數朵花。

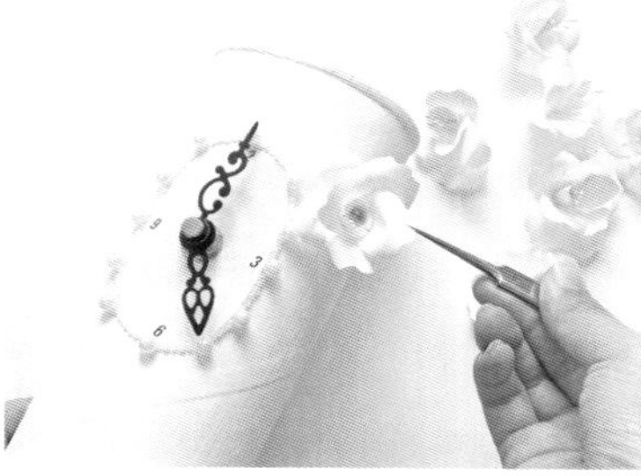

7 將做好的花朵黏貼在罐子上即可。

貓咪抱枕套

作品→10頁

材料
- 花色布1塊
- 素色布2塊（其中一塊用於貓咪圖案）
- 裡布1塊
- 魔鬼氈1段

工具
- 剪刀
- 針線

1 將3種布料依照尺寸裁好。

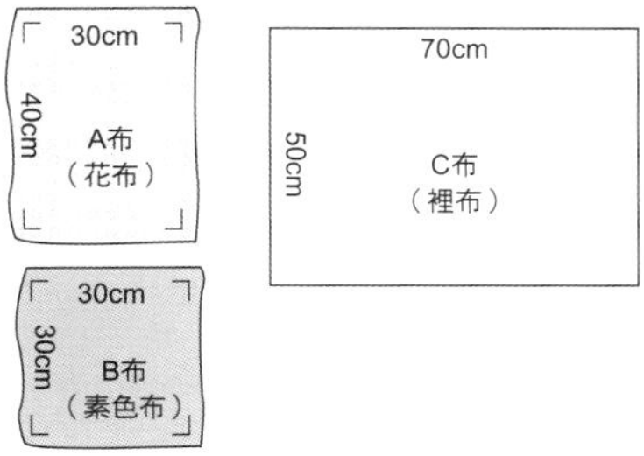

2 在另一塊素色布上剪出貓咪的圖案，並貼縫在A布正面。

3 將A和B布拼縫。

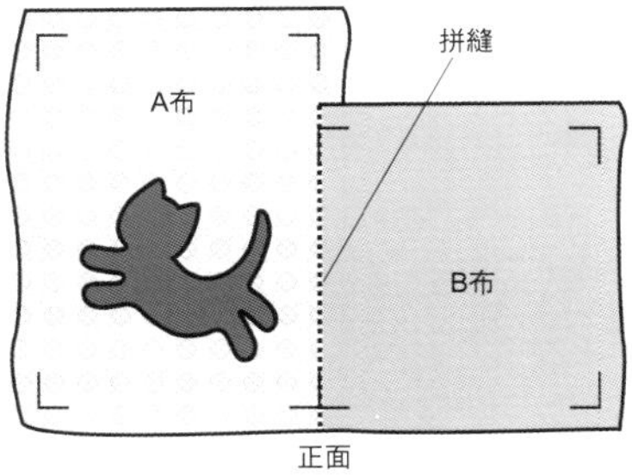

4 將步驟3翻面蓋在C布上，沿著外圍縫合（需留返口），縫好後離縫線約0.5公分剪下多餘的布料。

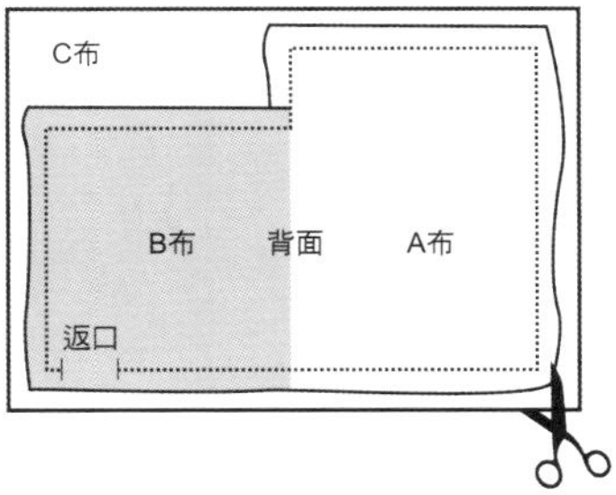

5 由內向外翻面整平，將返口縫合。

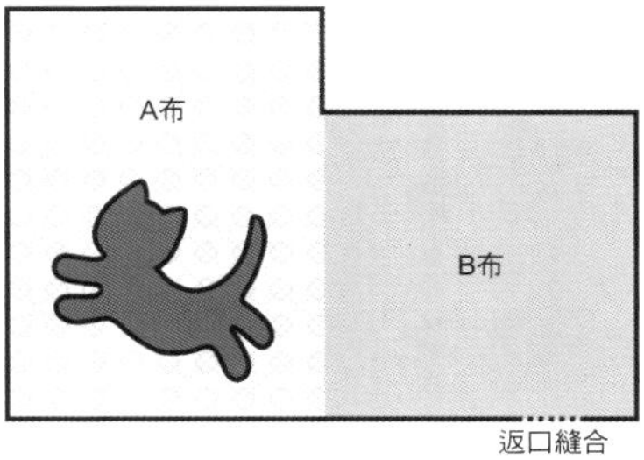

6 將B布翻蓋在A布上對齊好。

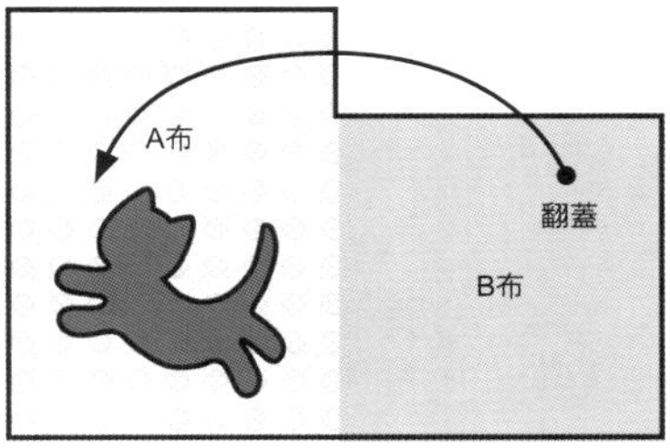

7 沿著B布側邊及下緣將A和B縫合，形成一個袋套。

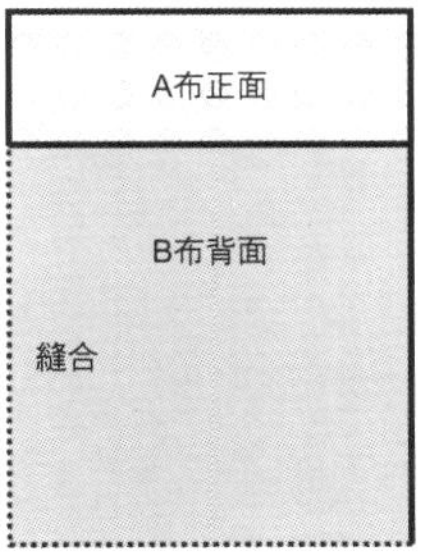

8 將袋套由內向外翻面（可利用熨斗燙整好），在背面開口處縫上魔鬼氈即可。

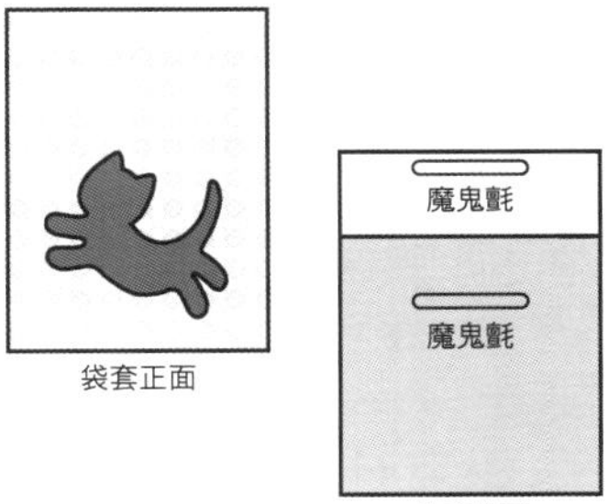

袋套正面　袋套背面

鑰匙收納盒

作品→12頁

材料

- 3釐米飛機木片4片
- 2公分飛機木條1條
- 厚紙板1張
- 花布1塊
- 細麻布1塊
- 魔鬼氈1小塊
- 鋁線少許
- 壓克力顏料少許

工具

- 美工刀
- 剪刀
- 粘著劑
- 噴膠
- 筆刷
- 電動鑽孔機
- 尖嘴鉗

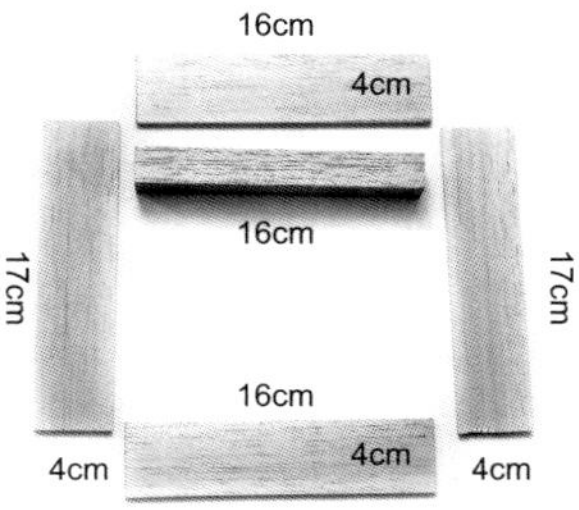

1 如圖之參考尺寸裁出各部位的飛機木片及木條。

2 組合黏好木片及木條形成一個框架，再均勻塗上壓克力顏料。

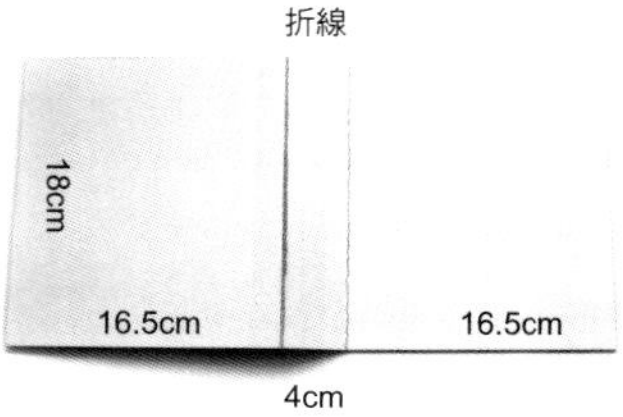

3 如圖之參考尺寸裁出一張厚紙板（儘量選用較硬的紙板），折線的部份可用刀片輕輕劃開，再貼上透明膠帶，做成活頁以利開闔。

4 在厚紙板外側均勻噴上噴膠，再裱貼上花布。另剪一長條花布一端黏於厚紙板內側，另一端則貼上魔鬼氈，做為黏釦。厚紙板內側也噴上噴膠，裱貼上細目麻布。

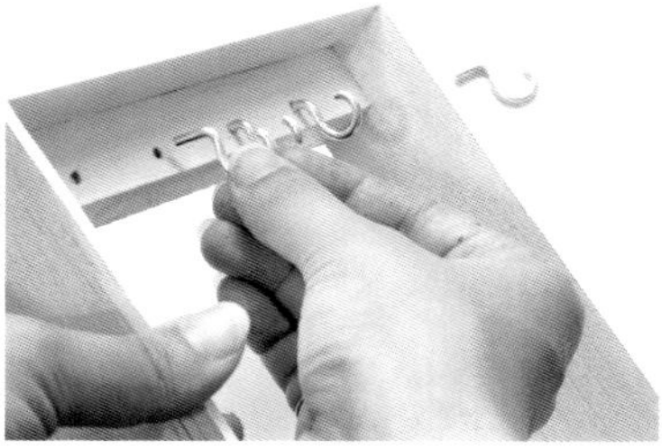

5 利用電動鑽孔器在木條上鑽出洞孔，再將折成鉤狀的鋁線沾上粘著劑後插入洞孔黏好。

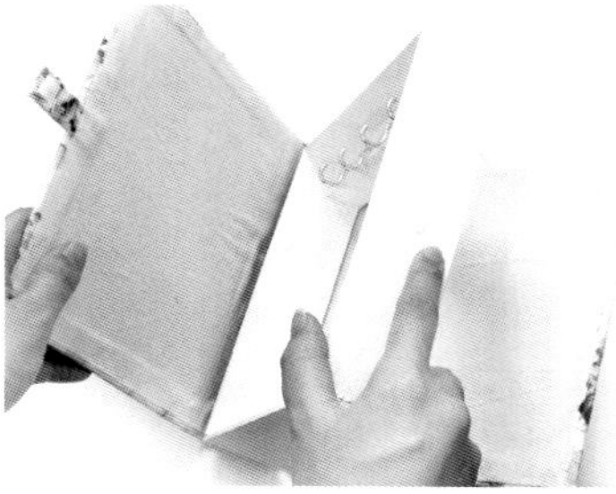

6 將整個完成的框架與厚紙板黏貼組合，並在木框外側與黏釦相對應的位置貼上另一面魔鬼氈，盒面可依個人喜好裝飾即可。

銀彩馬克杯

作品↓14頁

材料

‧素面馬克杯1個
‧電鍍效果噴漆1罐

工具

‧噴膠
‧美工刀
‧報紙
‧封箱膠帶
‧透明膠帶

1 在馬克杯要噴上圖案的地方貼上厚膠帶，其餘的地方用透明膠帶包覆貼好。

2 將圖稿印在白紙上，圖稿背面均勻噴上噴膠，再貼於杯面的封箱膠帶上。要注意貼平，不要產生氣泡。

3 利用美工刀割除圖案。（露出來的部份是將要上漆的）

4 均勻地噴上電鍍效果漆，待乾。

5 慢慢地撕除全部膠帶即可完成。

小祕訣：封箱膠帶有厚度，用於雕刻圖案效果較好，也不容易撕壞。電鍍漆與一般噴漆相較，電鍍漆質地更輕薄均勻，光澤較亮。

鋁線點心盤

作品↓18頁

材料
- 鋁線少許
- 細銅線少許

工具
- 尖嘴鉗
- 圓嘴鉗
- 斜口鉗

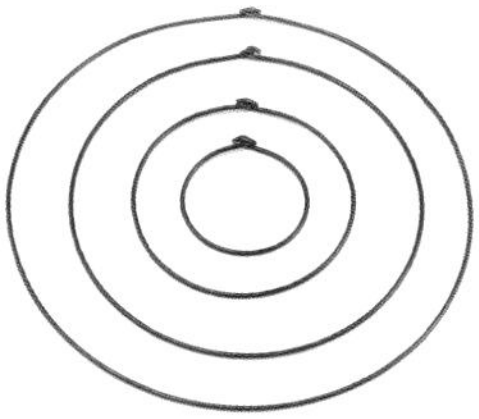

1 將鋁線折出四個不同大小的圓形，最大的圓形即為盤子的大小。

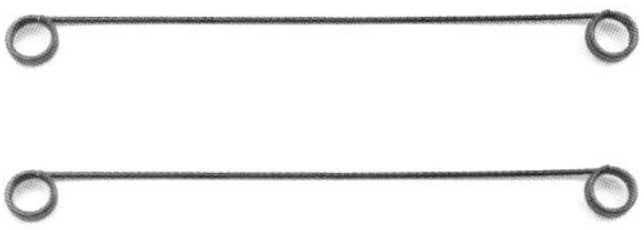

2 取一段鋁線，兩端繞成圓圈狀（約3圈，完成後的總長度為盤子的直徑），做出二支成為盤子的支架。

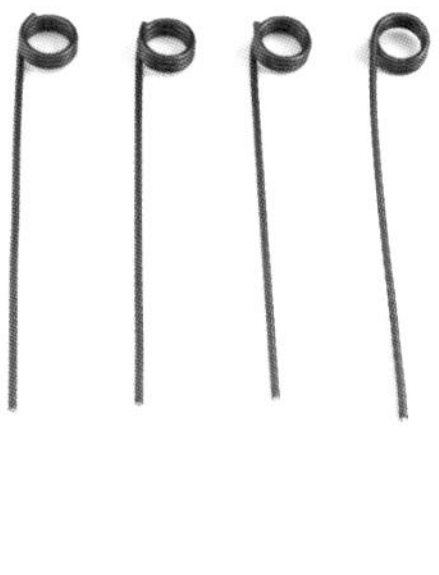

3 再如圖折出四支支架，每支完成後總長度為盤子小圈到大圈的距離多0.5公分狀（0.5公分為預留折成鉤狀的長度）。

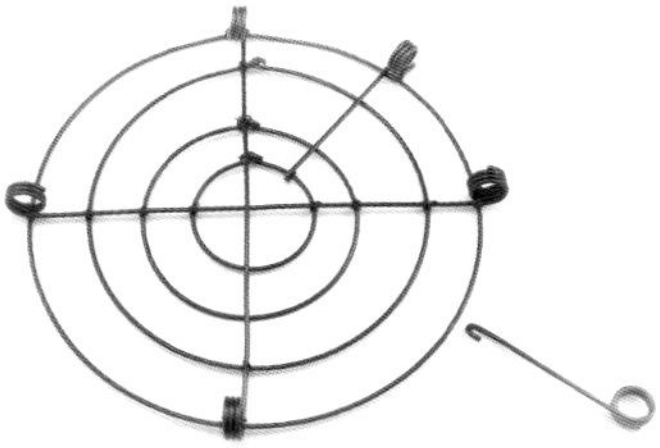

4 將二支長支架用細銅線與四個圓圈綁好，再將其餘四支支架鉤上最內圈後以鉗子夾緊，並用細銅線與四個圓圈綁好。

5 使用較細的鋁線繞綁所有支架，加強固定，做成盤子主架構。

6 利用圓嘴鉗折出帶有小圈圈的線段，並將之綁在盤子最外圍即可。

砧板掛鉤

作品↓20頁

材料

- 木質砧板
- 壓克力顏料
- 水泥漆
- 牛皮紙
- 螺絲問號鉤等

工具

- 筆刷
- 複寫紙
- 噴膠
- 剪刀
- 美工刀
- 電動鑽孔機等

1 將木質砧板刷上白色壓克力顏料做為底色，待乾後再刷上咖啡色壓克力顏料。（或個人喜愛的顏色）

2 利用水泥漆不會反光的特性及塗在紙上的特殊質感，將牛皮紙均勻地刷上白色水泥漆待乾。

3 使用複寫紙將圖形轉印到牛皮紙上。

4 將圖形割下。

5 在圖形背面噴上噴膠後黏貼於砧板上。

6 使用電動鑽孔機在砧板上鑽出洞孔，並將問號鉤鎖上即可。

抹布拖鞋

作品→22頁

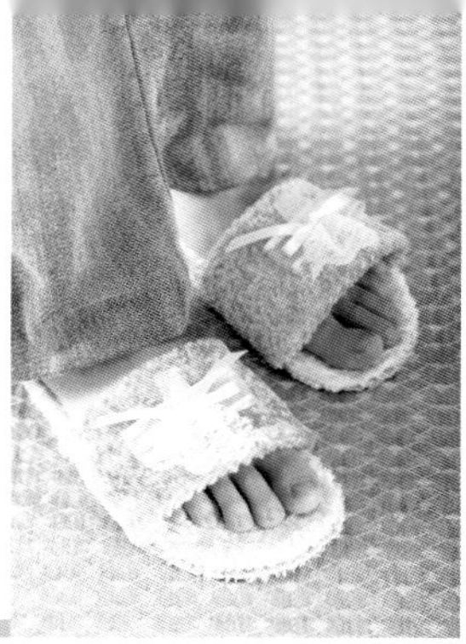

材料
- ・泡棉板1塊
- ・彩色絨毛抹布2塊
- ・魔鬼氈1段

工具
- ・剪刀
- ・美工刀
- ・針線

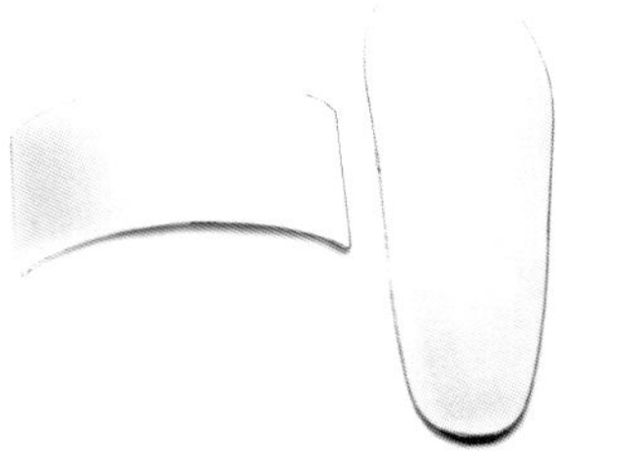

1 在泡棉板上畫出鞋底及鞋面的形狀並剪下。

2 將鞋底包覆上絨毛抹布，並用針線縫好。並以同樣方式包覆鞋面。

3 將鞋面縫在鞋底兩側。

4 在鞋底的背面縫上數片魔鬼氈。

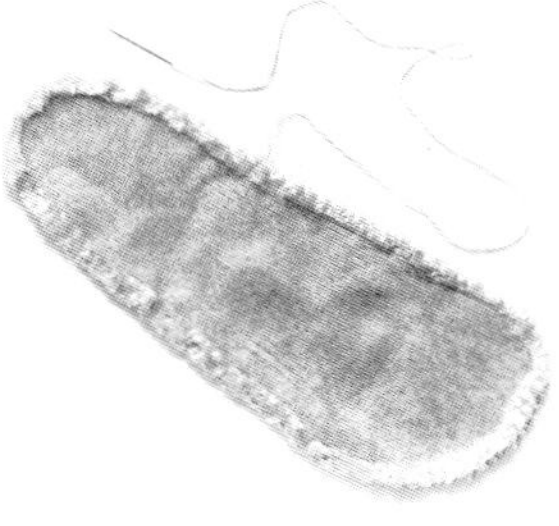

5 剪出另一片同鞋底形狀的絨毛抹布，邊緣可預留約0.5公分內折後縫合以防止毛邊脫線。

6 在與鞋底背面相對應的位置縫上魔鬼氈，最後稍加裝飾鞋面即可完成。

小祕訣：可替換的鞋底布，一旦髒了還可以替換，非常實用。

打蛋器吊燈

作品→23頁

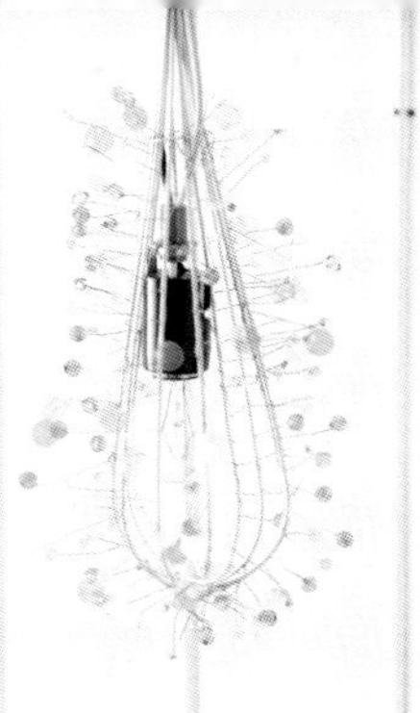

材料
- 打蛋器
- 噴漆
- 燈組
- 絕緣膠布
- 細銅線
- 彩珠
- 亮片

工具
- 剪刀
- 報紙

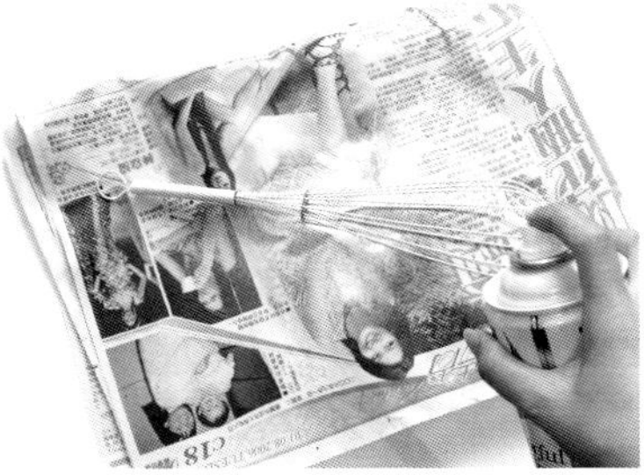

1 將打蛋器噴漆上色待乾。

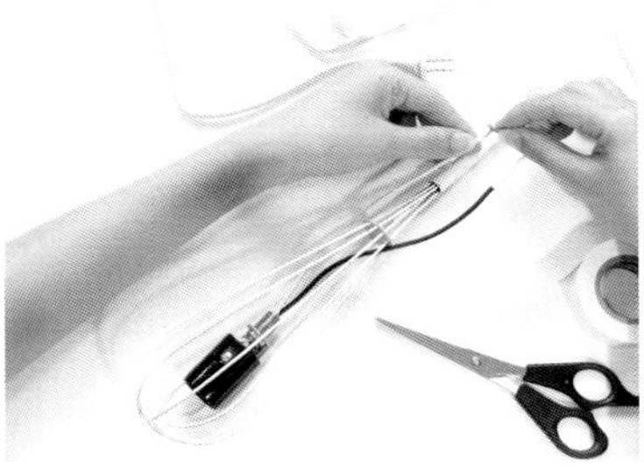

2 將組裝好的燈組置入打蛋器內，與電線連接的地方用絕緣膠布貼好。

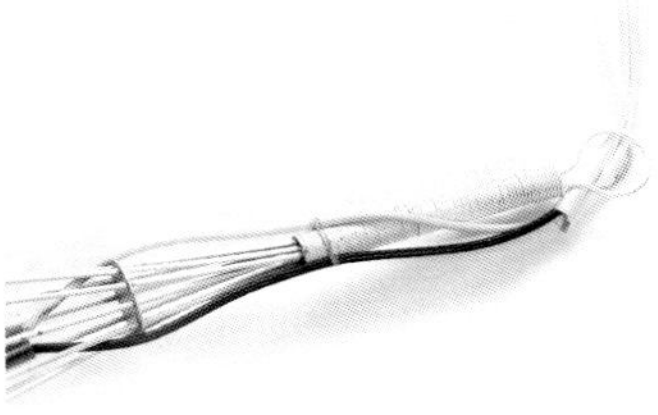

3 電線可順沿打蛋器手把處用細銅線綁好。

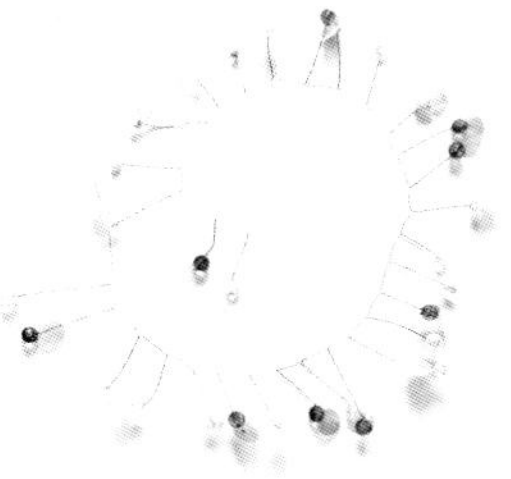

4 利用細銅線穿過彩珠及亮片，做出數條彩珠串。

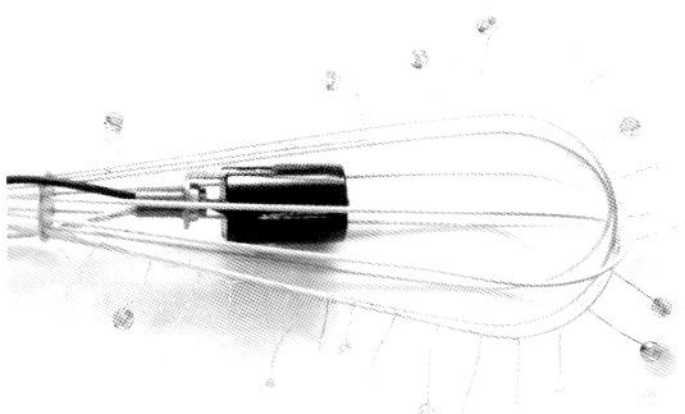

5 將彩珠串以細銅線綁在打蛋器上，越多彩珠串，成品效果越好。

造型磁鐵

作品→24頁

材料
- 磁鐵3個
- 花布1小塊
- 緞帶1段
- 棉花少許
- 小瓷磚1個
- 方形彩珠1個
- 小水鑽少許
- 不織布條2條
- 飛機木或火柴棒
- 金蔥緞帶1段

工具
- 剪刀
- 美工刀
- 針線
- 粘著劑
- 小鑷子

1 花布縫成袋狀備用。

2 將棉花填入袋中後用針線束口縫好，緞帶綁成蝴蝶結黏在袋口，小袋子背面再黏上磁鐵。

3 將方形彩珠及小水鑽預先在小瓷磚上排列出自己想要的圖形。

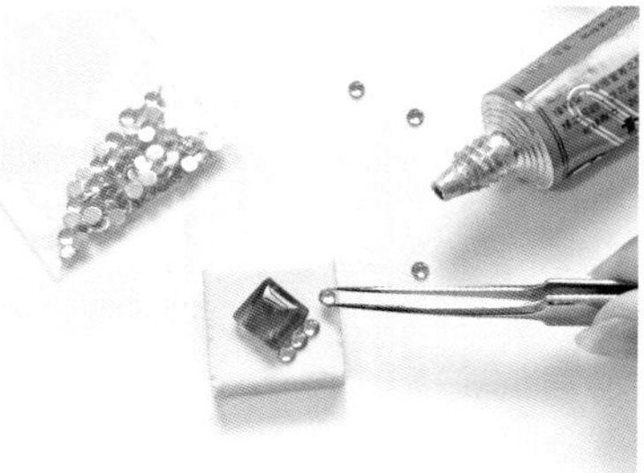

4 用小鑷子夾取方形彩珠及小水鑽，黏貼於小瓷磚表面，再將磁鐵貼於小瓷磚背面。

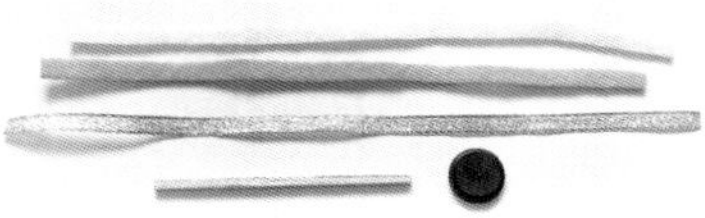

5 剪出兩個不同顏色的不織布細長條，及準備一段金蔥緞帶，再以飛機木切出一條細棒。

6 將兩色不織布重疊黏好，再捲成一個平面的同心圓，金蔥緞帶則做出蝴蝶結狀，再全部組合成棒棒糖的樣子，背面黏上磁鐵即可。

小樹杯墊

作品↓26頁

材料
- 不織布
- 細鐵絲等

工具
- 剪刀
- 針線
- 粘著劑等

1 分別剪出三個不同大小的圓布片（大小可視個人需要）。

2 利用針線將三個圓布片重疊縫好。

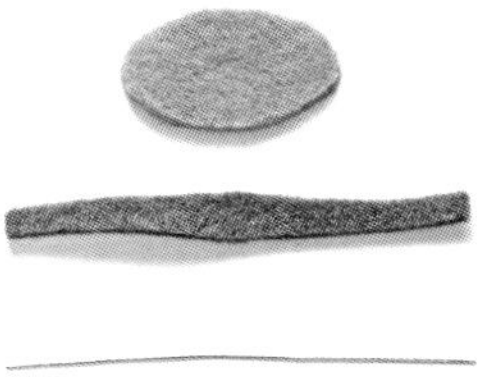

3 剪出一橢圓布片及一長布條，布條中段部份可略寬，再剪出一段同布條長度的細鐵絲。

4 如圖片所示將細鐵絲黏貼於長布條中間，再將橢圓布片貼於布條一端。

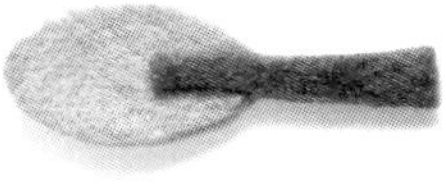

5 將長布條對折後黏貼於橢圓布上，做成如一棵小樹的樣子。

6 將小樹根部折成垂直狀，再貼於圓布片的邊緣。

小祕訣：步驟3的長條布作法，只要將不織布對折後再剪即可。

浪漫燭檯

作品↓30頁

材料
- 黃銅薄片1片
- 鋁線少許
- 細銅線少許
- 花瓜罐頭瓶蓋1個

工具
- 剪刀
- 美工刀
- 錐子
- 奇異筆
- 斜口鉗
- 尖嘴鉗

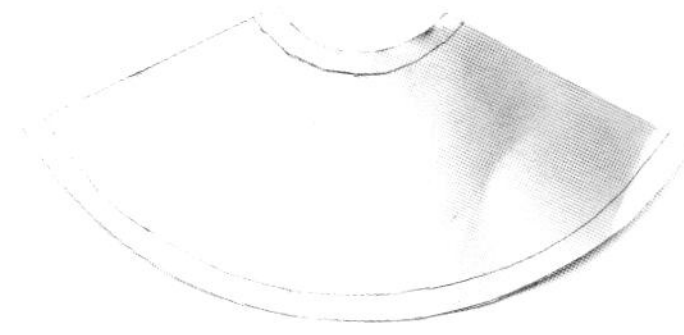

1 剪出一扇形黃銅片。（銅片大小視瓶蓋大小而定，銅片捲起時需能圍住瓶蓋一圈）

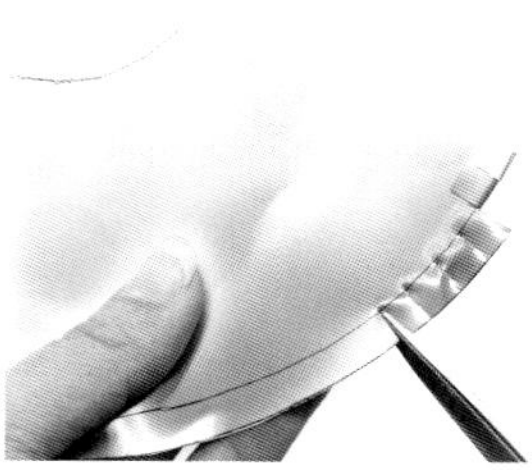

2 在扇形銅片上下緣處約隔0.5公分剪一刀後內折。（以防止銅片邊緣刮手）

3 在銅片上畫出圖形線條後，以尖錐戳出洞孔。（奇異筆線條可用酒精擦拭乾淨）

4 銅片捲合後，將銅片兩側相對位置皆打出洞孔，並以細銅線穿過洞孔綁好固定。

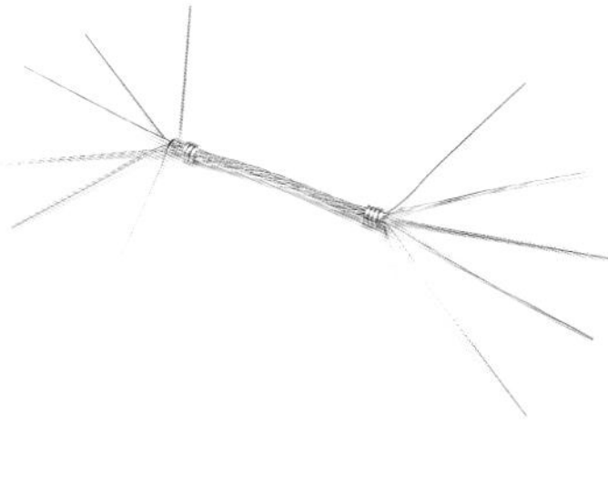

5 取六支鋁線在中符段處如麻花辮扭成一束，麻花辮兩頭各以鋁線繞三—四圈加強固定。

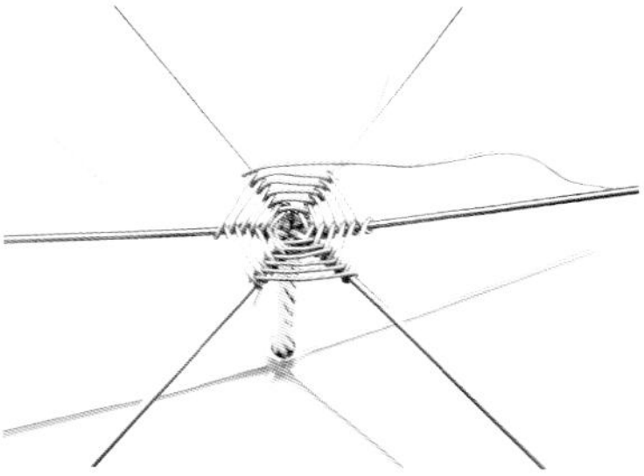

6 將鋁線束兩端六支分支整直，如圖所示以細鋁線纏繞出如蜘蛛網狀的平面。

7 將鋁線分支末端皆捲成螺旋狀使鋁線束一端成為支腳，另一端黏上花瓜瓶蓋，做為盛放蠟燭用，最後將銅片罩試蓋在瓶蓋上檢視密合度即可。

收納小吊籃

作品↓32頁

材料

- 優格空盒3個
- 細麻繩1段
- 鏈條12段
- C圈12個
- 飛機木片1塊
- 鋁線少許
- 蕾絲布1塊
- 緞帶少許

工具

- 剪刀
- 美工刀
- 電動鑽孔機
- 尖嘴鉗
- 粘著劑
- 雙面膠

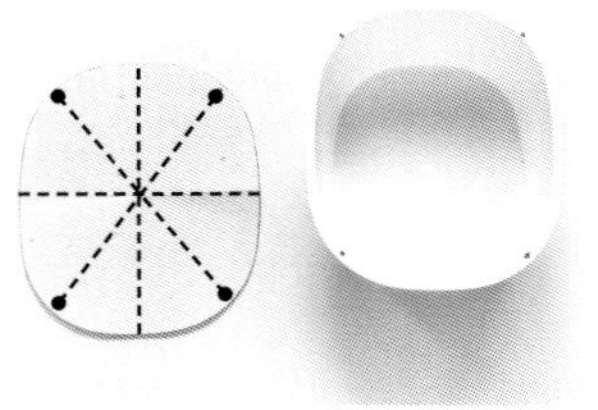

1 利用紙張找出盒口的四個等份點，畫上記號。

2 利用電動鑽孔機在盒口的記號上鑽出洞孔。

3 盒子表面貼上雙面膠帶。（雙面膠帶可貼密一點以增加黏貼面積）

4 撕除雙面膠紙條後，以細麻繩繞黏在盒子表面，直到黏滿為止。

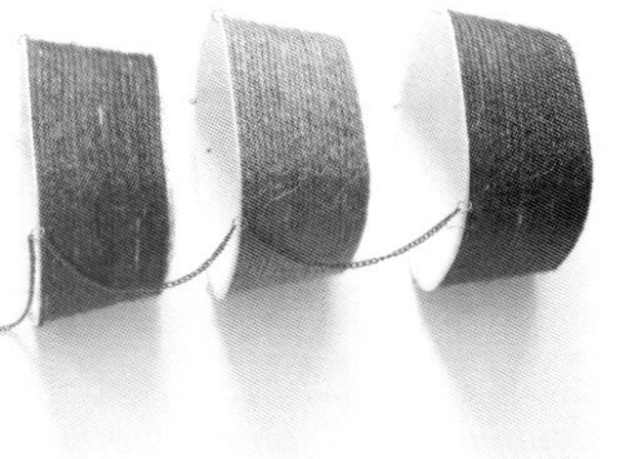

5 以上述方式完成三個盒子後，在盒口洞孔加上C圈，再以鏈條串起三個盒子。

6 裁出一塊橢圓形飛機木片，並鑽出洞孔後再勾上鋁線折成圓圈。

7 橢圓木片上可用蕾絲布粘貼並加上緞帶等裝飾，盒子亦可依個人喜好加上緞帶等裝飾。最後將盒串和飛機木片結合串好即可。

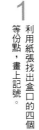

首飾收納樹

作品→34頁

材料

・鋁線少許
・五種顏色不織布少許
・棉花少許

工具

・針線
・斜口鉗
・粘著劑

1 取五支鋁線從中段處扭成一束，一邊扭時一邊由下往上分出鋁線，做為樹枝。

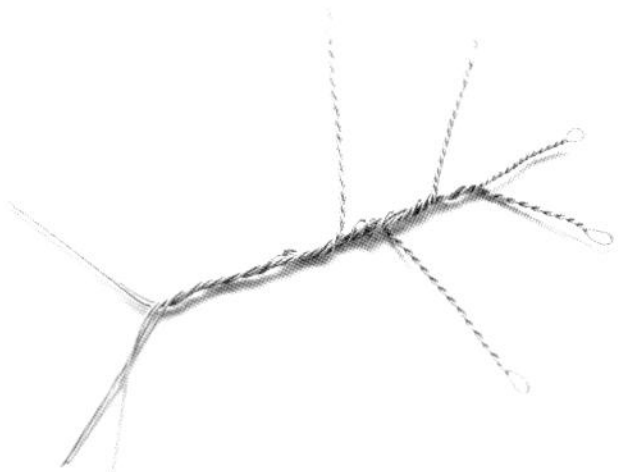

2 樹枝的部份可往回反折成麻花，讓末端形成一個小圈。

3 開始將樹枝及樹幹繞線加粗，加粗時均由樹幹底部開始繞線向上加，越上面的樹枝越細。

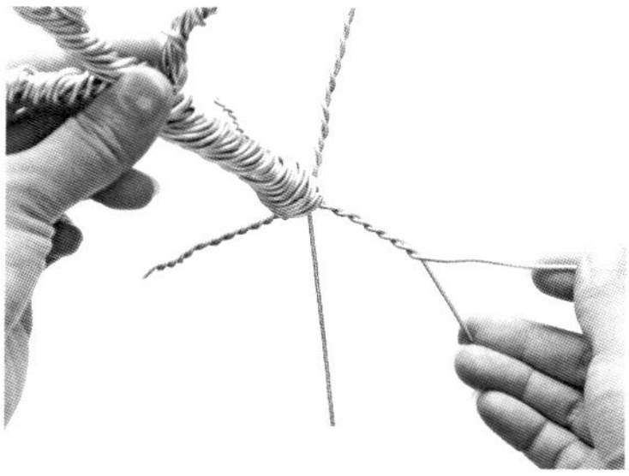

4 根部也同上述方式加粗，根部末端會比較細。

5 樹枝加粗後，可在末端加繞細鋁線，做出分支。（可供吊掛東西）

6 剪出數片不同大小的橢圓布片，兩兩一對，縫邊後塞入少許棉花，形成一個小布球，並保留一個小開口。

7 在樹枝末端沾上少許粘著劑後將完成的橢圓布球套上黏好。

幸福小吊飾

作品↓36頁

材料

- 不織布2塊
- 細麻繩少許
- 棉花少許
- 飛機木1塊
- 壓克力顏料少許
- 細銅線少許
- 鋁線少許
- 彩珠少許

工具

- 針線
- 筆刷
- 剪刀
- 美工刀
- 尖嘴鉗
- 斜口鉗
- 粘著劑

1 剪出兩片鳥形不織布片，其中一片頂部黏上細麻繩以供吊掛。

2 縫合布片並塞入棉花，完成小鳥。

3 切出飛機木片後上色待乾。

4 組合黏好飛機木片做成小房子。

5 以鋁線折出心形，再以細銅線穿過彩珠後繞在鋁線上。

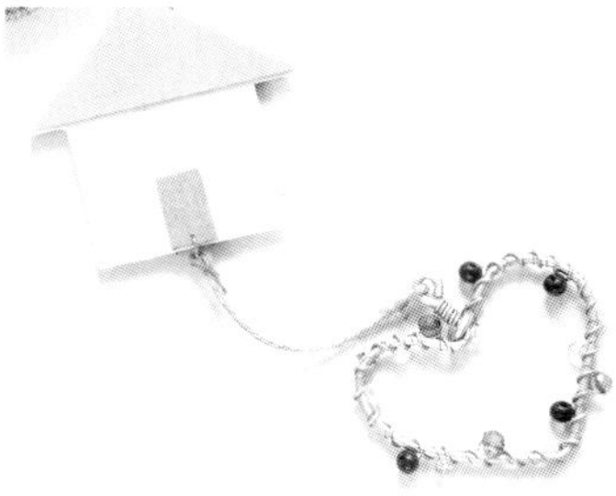

6 將小鳥、小房子及心形以細麻繩串接起即可。

典雅書擋套

作品→40頁

材料

- ・刷毛布1塊
- ・蕾絲布1塊
- ・蕾絲緞帶2段
- ・金屬花片1片
- ・心型花瓣泡棉3片
- ・珠鍊3段
- ・彩珠少許
- ・T針2個
- ・9針1個
- ・C圈5個

工具

- ・消失筆
- ・剪刀
- ・粘著劑
- ・針線
- ・小鑷子

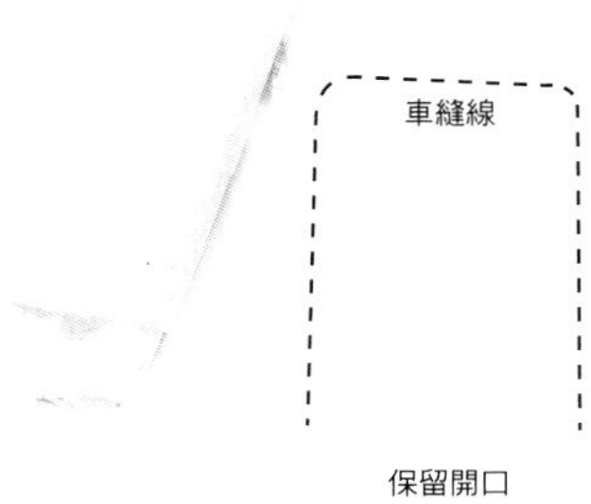

1 將適當大小的刷毛布及蕾絲布對折，以消失筆描出書擋的大小（即車縫線），保留開口及進行縫合。

2 將多餘的布修剪掉後由裡向外翻面，成為書擋套。

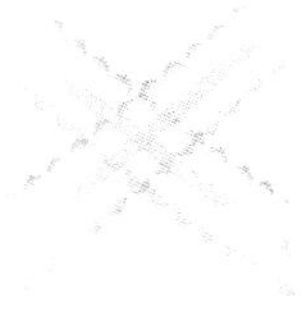

3 在布套上黏上緞帶。（以下步驟皆可依個人喜好變化）

4 心型花瓣泡棉。

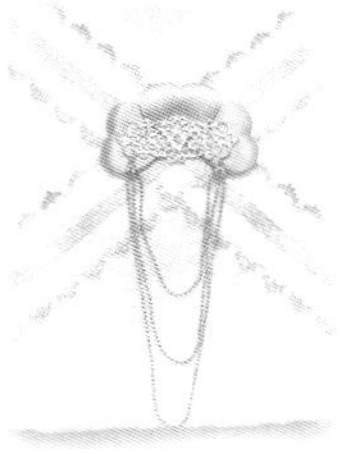

5 縫上金屬花片及串上珠鍊。

6 串上彩珠等裝飾點綴即可。

花貓護腕墊

作品→42頁

材料

- 棉布2塊
- 不織布1塊
- 棉花少許
- 魔鬼氈1段

工具

- 消失筆
- 剪刀
- 針線

1 將兩塊棉布重疊好，利用紙型在棉布上畫出貓咪圖形。

2 沿著貓咪形狀的線條縫合（需留返口），縫好後離縫線約0.5公分將圖形剪下。

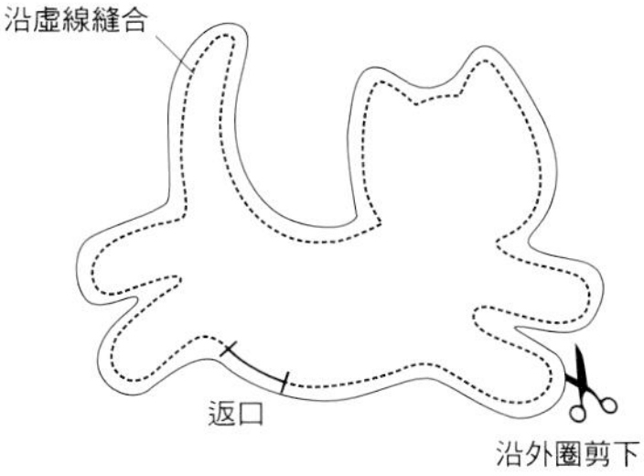

3 在弧度大或內凹處剪幾刀（勿剪到縫線），翻面後才會比較平整。

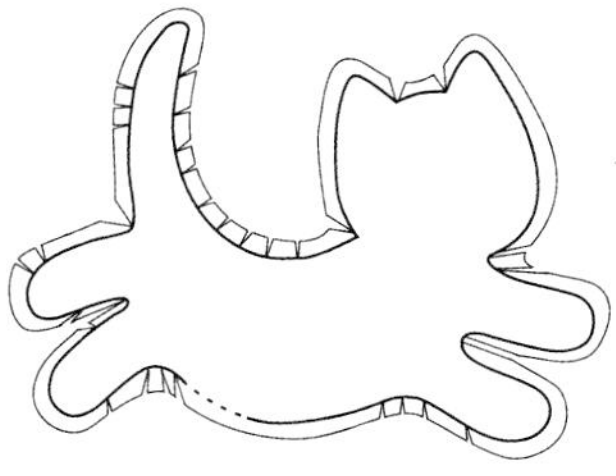

4 剪好後由內向外翻面，並由開口處填入棉花。

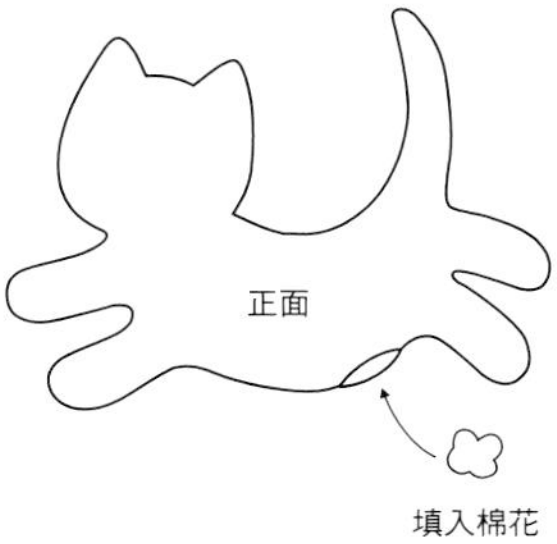

5 將開口縫合，完成護腕墊。

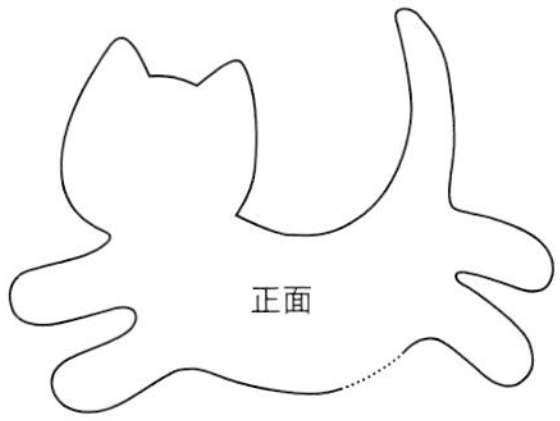

6 在護腕墊背面可縫上魔鬼氈（面積可稍大一點），再剪出一塊不織布（或螢幕擦拭專用布），並在其背面也縫上魔鬼氈，組合後就是有清潔作用的護腕墊了。

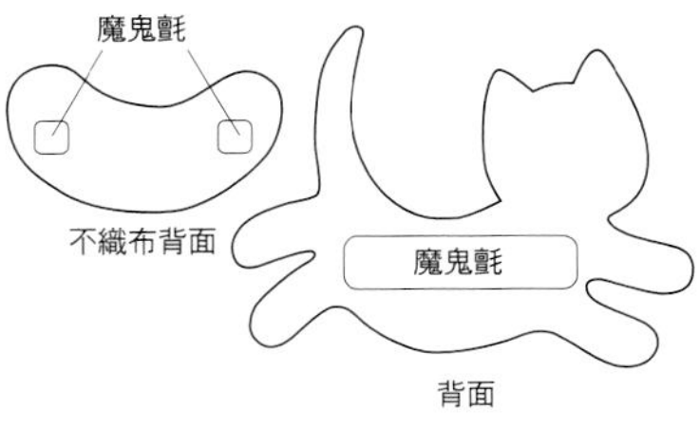

量身訂作小書套

作品↓44頁

材料

- 米色不織布1塊
- 四種顏色不織布4塊
- 花形緞帶1段
- 麂皮繩1條
- 金蔥線少許

工具

- 剪刀
- 粘著劑
- 針線
- 消失筆
- 小鑷子

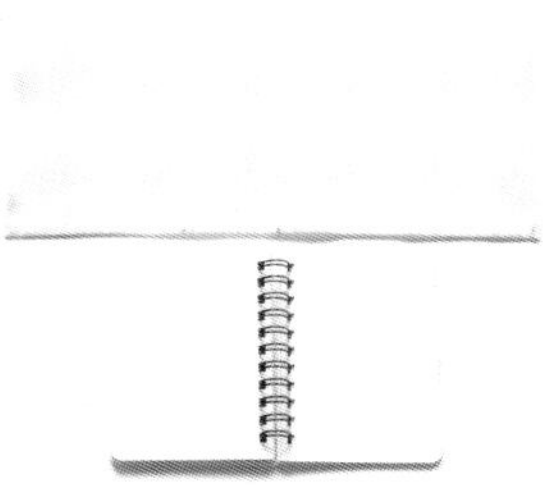

1 依筆記本大小剪出長方形不織布塊，高度約同筆記本高度再多0.5公分，左右寬度需能折入筆記本外皮後達二分之一。

2 用消失筆定出封面可加工的範圍，也可概略描繪出構圖。

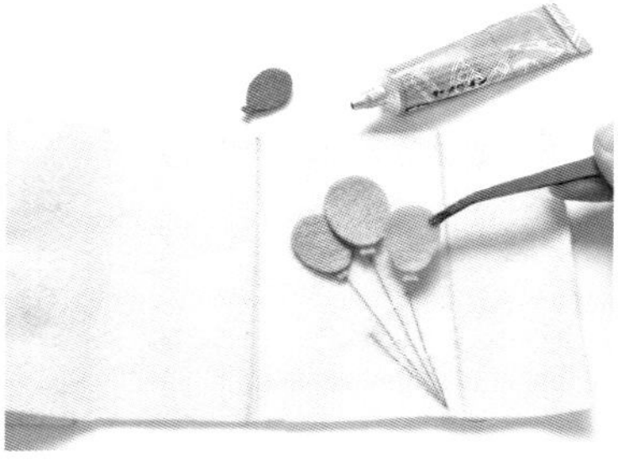

3 用金蔥線在布面縫出汽球的繩子，再把四色不織布剪成汽球一一拼貼在布面上。

4 繡上文字或其他圖案。

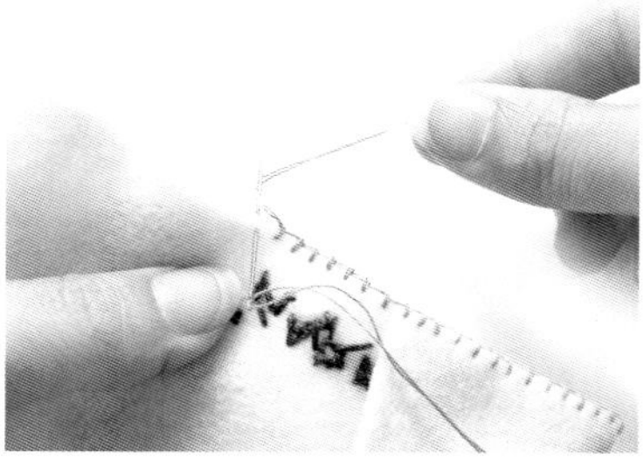

5 將布片左右向內折好，再以毛邊縫縫繞布片一周，完成書套。

6 剪一段麂皮繩，一端黏上花形緞帶，一端黏於書套中間即完成。

造型書籤

作品→46頁

材料

- 塑膠薄片2塊
- 麻布1小塊
- 花布1小塊
- 緞帶2段
- 亮片2片
- 細鏈條2條
- 彩珠少許
- C圈2個
- T針2個

工具

- 簽字筆
- 美工刀
- 剪刀
- 粘著劑
- 錐子
- 尖嘴鉗

1 在塑膠片上畫出書籤形狀並剪下。

2 將麻布和花布拼貼上塑膠片。

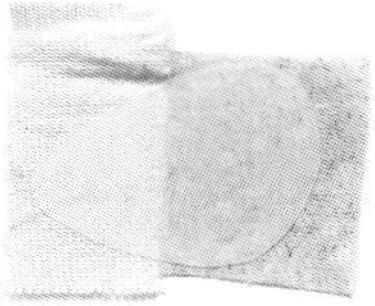

3 修剪掉多餘的布。

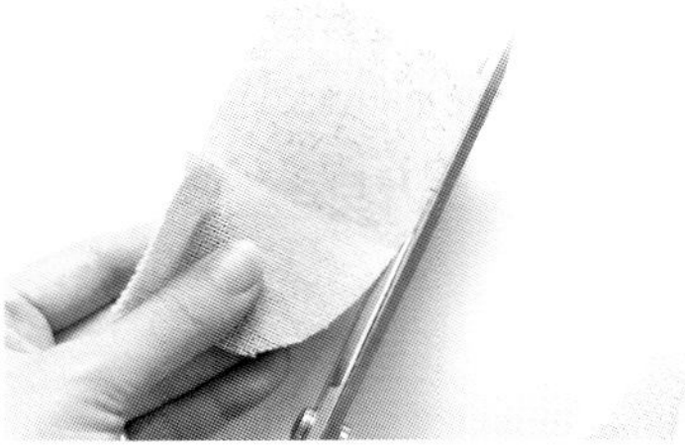

4 貼上緞帶。

5 貼上亮片等裝飾，並完成書籤另一面。

6 在書籤頂部鑽出小洞，穿上C圈後連接細鏈條，並在鏈條末端以T針穿上彩珠固定即可。

馬賽克牙刷瓶

作品↓50頁

材料

- 玻璃空瓶1個
- 彩色玻璃馬賽克磚少許
- 鋁線少許
- 彩珠少許
- 細銅線少許
- 填縫泥少許

工具

- 鑷子
- 粘著劑
- 尖嘴鉗
- 小容器
- 冰棒棍
- 海棉

1 以鋁線折出如水滴狀的小花辦及一方形框。

2 將鋁線零件貼在玻璃瓶表面。（若鋁線方形框與玻璃瓶身不能密合，可將方形框壓在玻璃瓶身上，彎出貼合瓶身的弧度。）

3 再一一拼貼上彩色玻璃片。

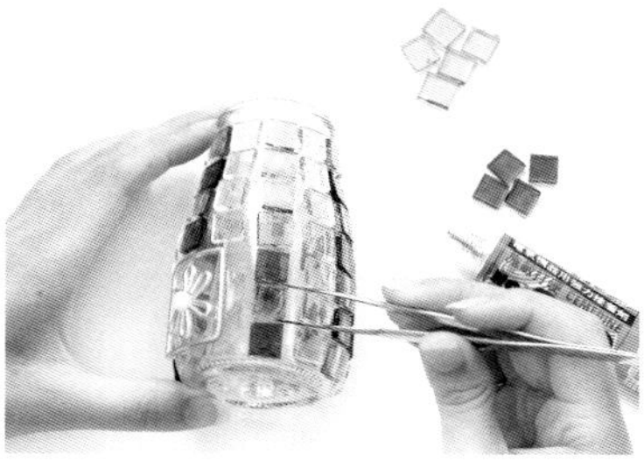

4 將填縫泥加水均勻攪拌至呈泥膏狀，以冰棒棍或長木片將填縫泥鋪上玻璃瓶表面。（注意空隙需填滿）

5 待填縫泥至八分乾時以濕海棉輕輕拭去玻璃瓶表面多餘的填縫泥，直到露出完整的玻璃片，複動作至擦拭乾淨為止。

6 以細銅線串出彩珠串，並綁於瓶口點綴即可。

小叮嚀：沒有用完的填縫泥勿倒入排水孔內，以免硬化後造成阻塞。

貴妃椅香皂架

作品→52頁

材料
- 鋁線少許
- 細銅線少許

工具
- 尖嘴鉗
- 斜口鉗
- 圓嘴鉗

1
鋁線折出一個橢圓形，並一一加上支架。（橢圓大小可視個人需要）

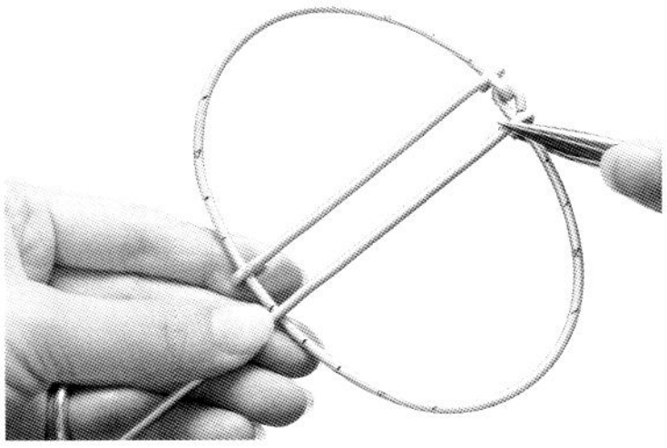

2
在橢圓左右兩側各空出一條支架的空間。

3
折出腳架2支，並以細銅線綁在先前預留的空位。

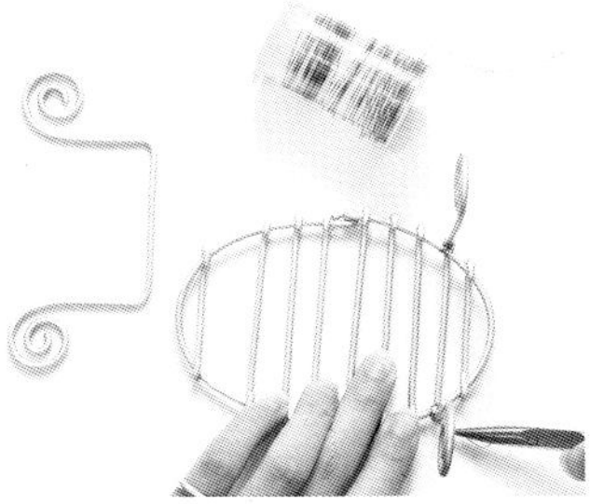

4
折出椅背各部位零件。

5
先將椅背輪廓與橢圓組合，完成椅子雛形。

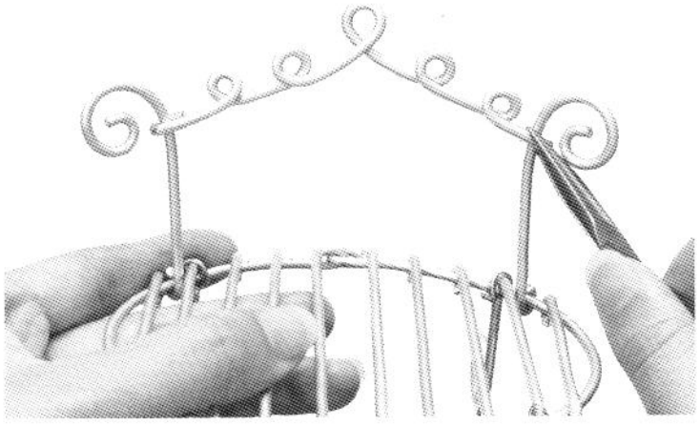

6
再將折好的螺旋狀與椅背結合即可。（另外可依個人喜好加些小珠子裝飾）

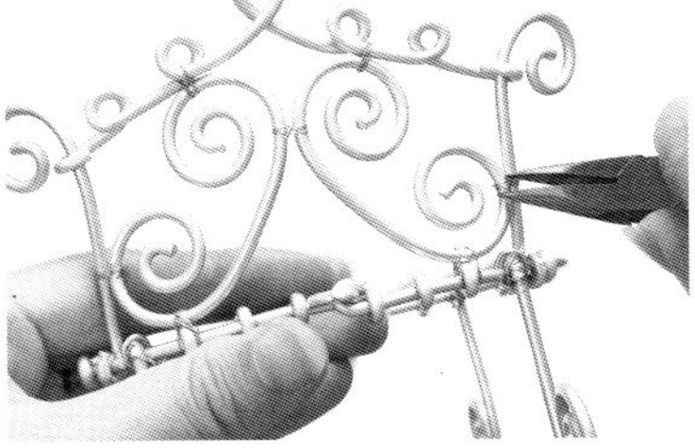

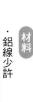

蕾絲芳香袋

作品↓54頁

材料
- 花色棉布1塊
- 紗網布1塊
- 蕾絲帶1段
- 緞帶3段
- 小鈕扣2個

工具
- 消失筆
- 剪刀
- 針線
- 粘著劑

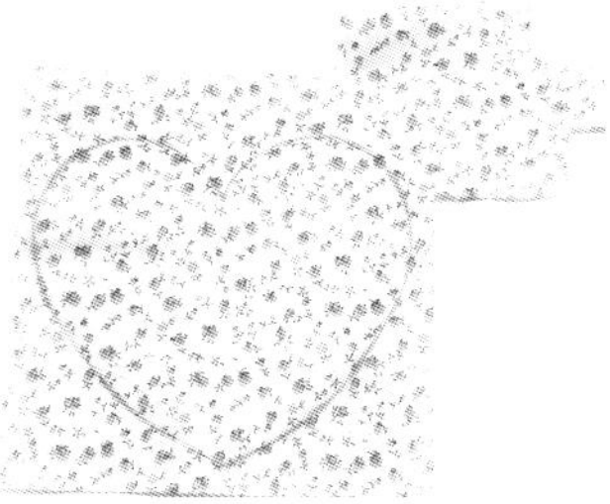

1 以消失筆在棉布上畫出心形。

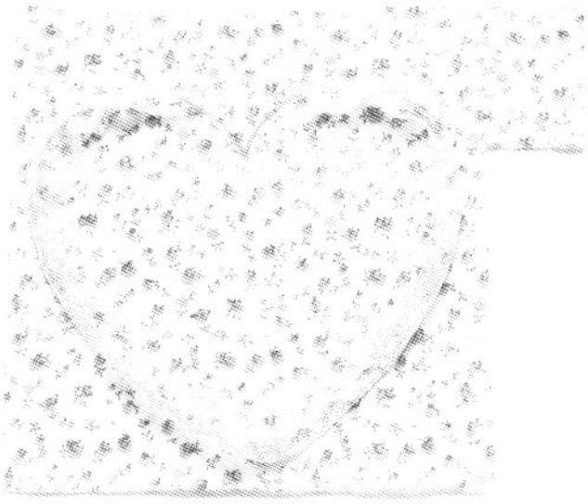

2 將蕾絲帶沿心形輪廓黏貼（蕾絲部份朝內），在心形上方中間保留開口不黏貼蕾絲帶。

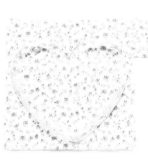

3 在花色棉布上覆蓋上一張紗網布，並以針線縫合（需保留開口）。

4 將多餘的布剪掉，成為一個心形袋狀。

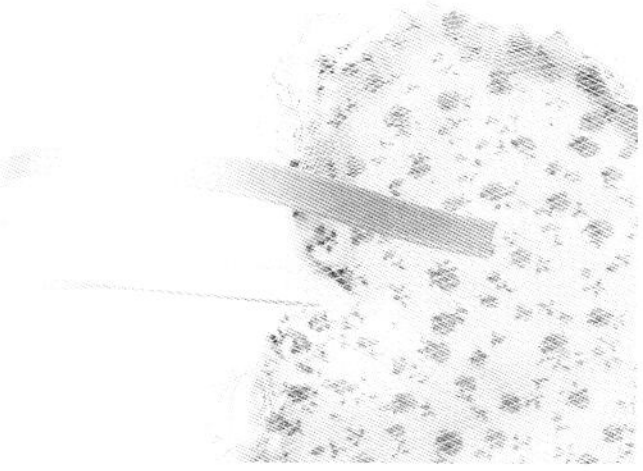

5 將袋子由內向外翻面，在袋口黏上緞帶以供吊掛。

6 做出蝴蝶結黏貼在袋口處並以鈕扣裝飾，袋內再放入市售的芳香包即可。

小試管花插

作品↓56頁

材料
- 鋁線少許
- 細麻繩1段
- 試管3個

工具
- 尖嘴鉗
- 斜口鉗
- 剪刀

1 將鋁線折出緊密的螺旋狀，大小需大於試管的直徑。

2 將鋁線彎折成與螺旋部份垂直。

3 將鋁線另一端折出圓圈並將線頭扣接夾緊。（圓圈大小需為試管能放入且不宜太鬆為原則）

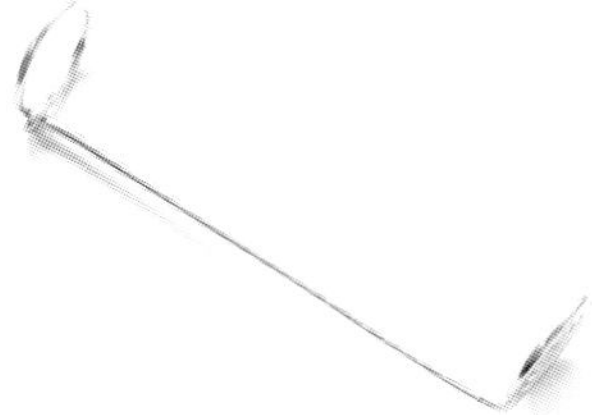

4 以尖嘴鉗將螺旋中心夾住向外拉出形成一如漏斗狀。

5 於入試管並檢視大小及密合度。

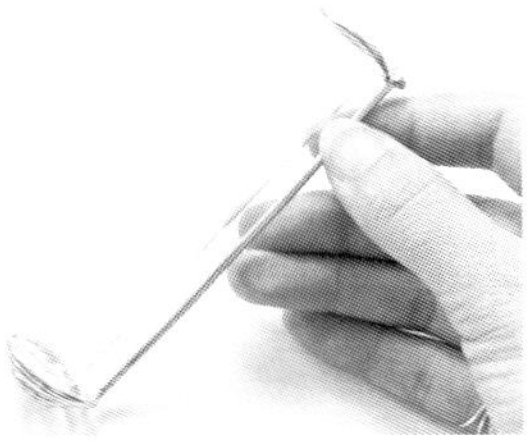

6 做出三個鋁線試管套後，以細麻繩連接串起即可。

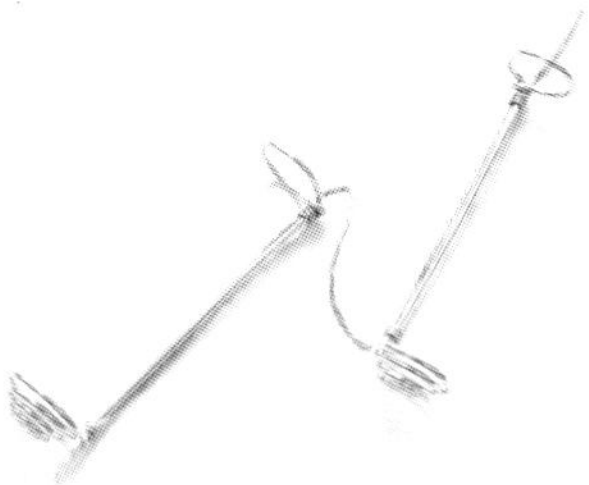

麻布盆栽套

作品→60頁

材料

- 粗麻布1塊
- 鈕扣2個

工具

- 剪刀
- 針線
- 粘著劑

1 依花盆大小剪下一塊粗麻布；長度要足夠圍繞花盆一周，寬度也需要比花盆高度多約六公分左右。

2 將粗麻布邊緣縫合，成為一個袋狀。

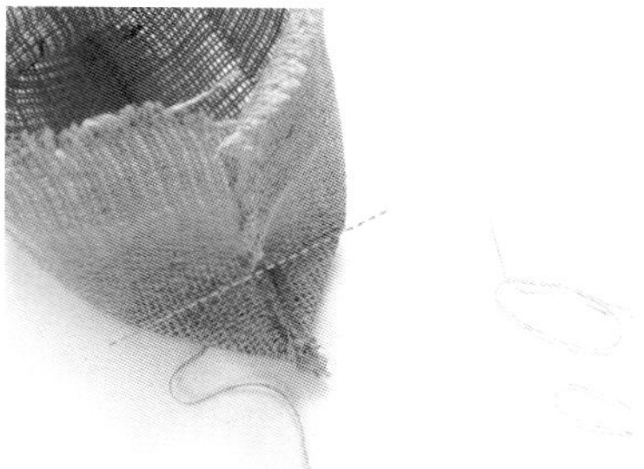

3 將袋子的兩角拉出壓平，如圖中虛線所示縫上縫線。

4 縫好兩角後將袋子由內向外翻面，稍加整平袋子的底部。

5 袋口部份向外翻折兩次。

6 剪下一長條粗麻布，做為提袋，將提袋縫在袋口兩側，加上鈕扣點綴，袋面可依自己喜愛稍加裝飾即可。

小屋花插

作品→62頁

材料

- 飛機木塊1塊
- 飛機木片1片
- 乾燥樹皮1塊
- 樹枝1枝
- 壓克力顏料

工具

- 筆
- 美工刀
- 手鋸
- 粘著劑
- 筆刷

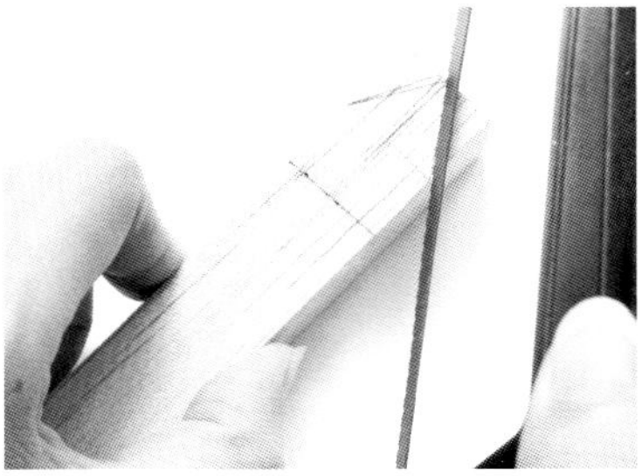

1 在飛機木塊上畫出小房子的形狀並鋸下。

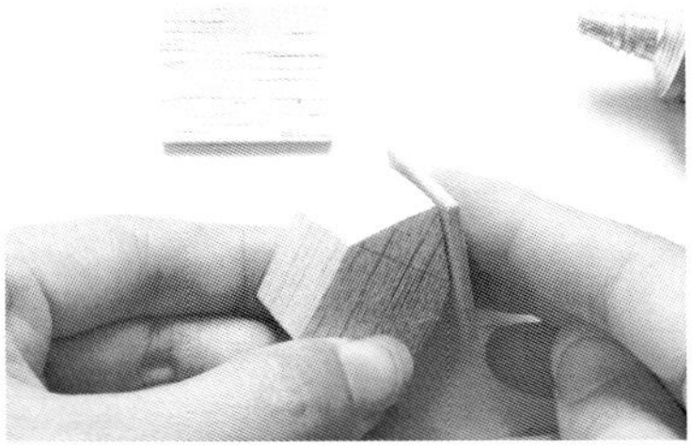

2 切出兩長方形木片，黏在鋸下的木塊兩側當成屋頂。

3 在屋頂上貼上樹皮裝飾，完成小房子。

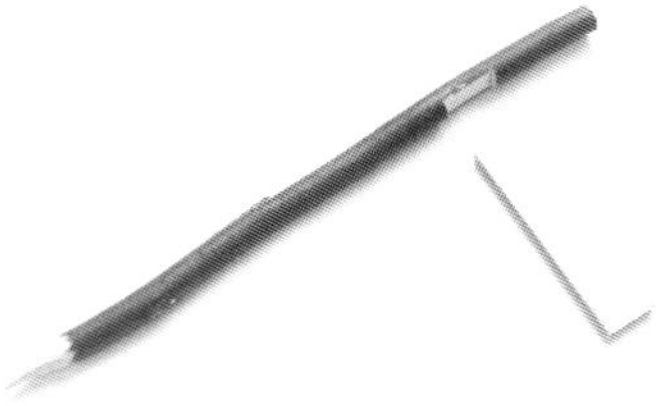

4 樹枝一端削尖，在另一端接近上緣處以美工刀削出一個內凹的平面，另切出一片飛機木片（大小需可嵌入樹枝內凹的平面內），並塗上壓克力顏料待乾。

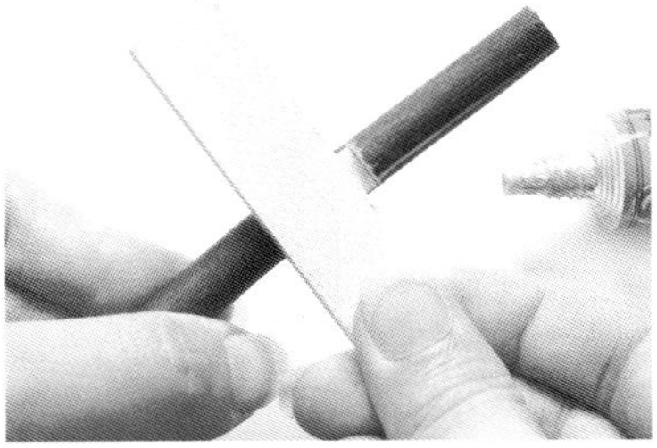

5 將木片沾粘著劑，貼在樹枝內凹的平面裡。

6 在小房子底部挖出一個如樹枝粗細的小洞，將樹枝頂部沾上粘著劑後插入小洞黏好固定。

小祕訣：樹皮也可用拉菲草或乾燥樹葉代替。

迷你小花器

作品→64頁

材料

·鋁線

工具

·尖嘴鉗

·斜口鉗

·圓嘴鉗

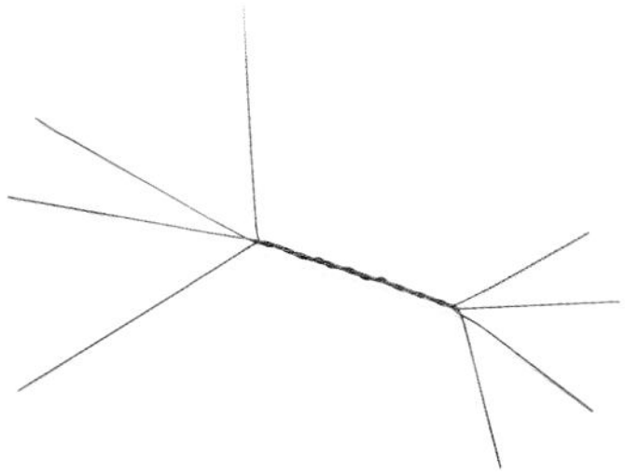

1 取四支鋁線在中段處扭成一束如麻花辮狀。

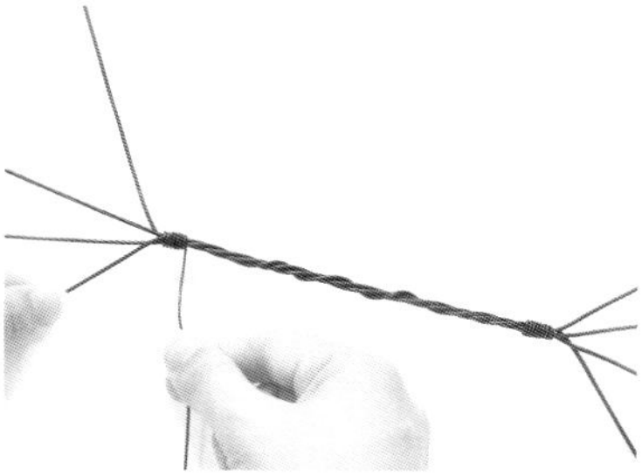

2 在麻花辮狀的兩端繞上數圈鋁線加強。

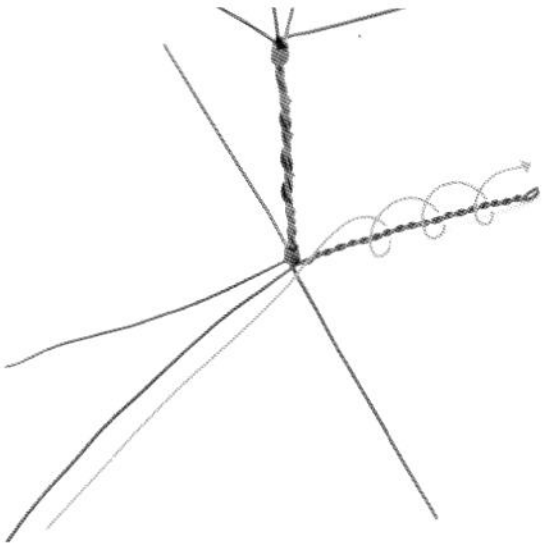

3 將鋁線束兩頭的分支整理好，一頭為底座（下部），另一頭做為花架（上部）。另外取一條鋁線，繞扭上底座的每條分支（用以加粗底座線條）。

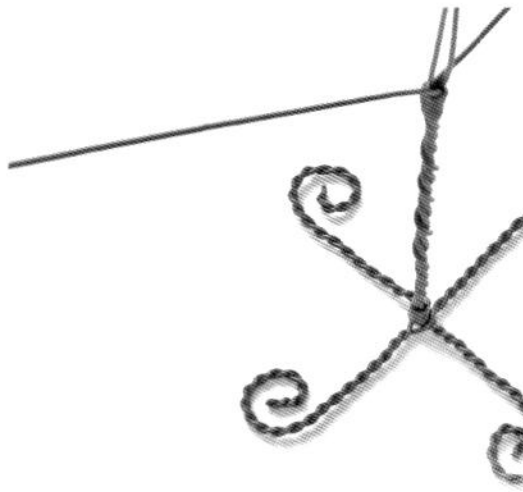

4 加粗好的底座線條一一折出螺旋狀。

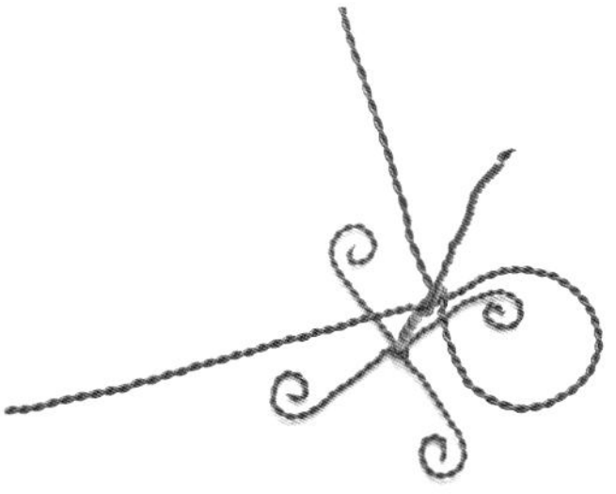

5 上部亦同下部將分支線條加粗後折出三個圓圈狀。（線頭需扣緊以免圓圈鬆開）

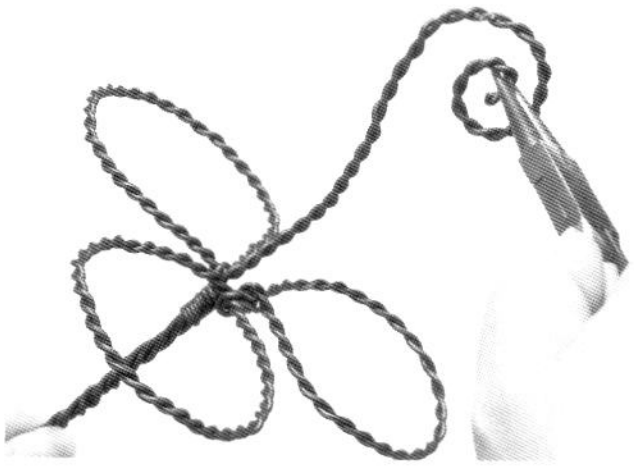

6 將剩下的線條折成螺旋狀做成提把。

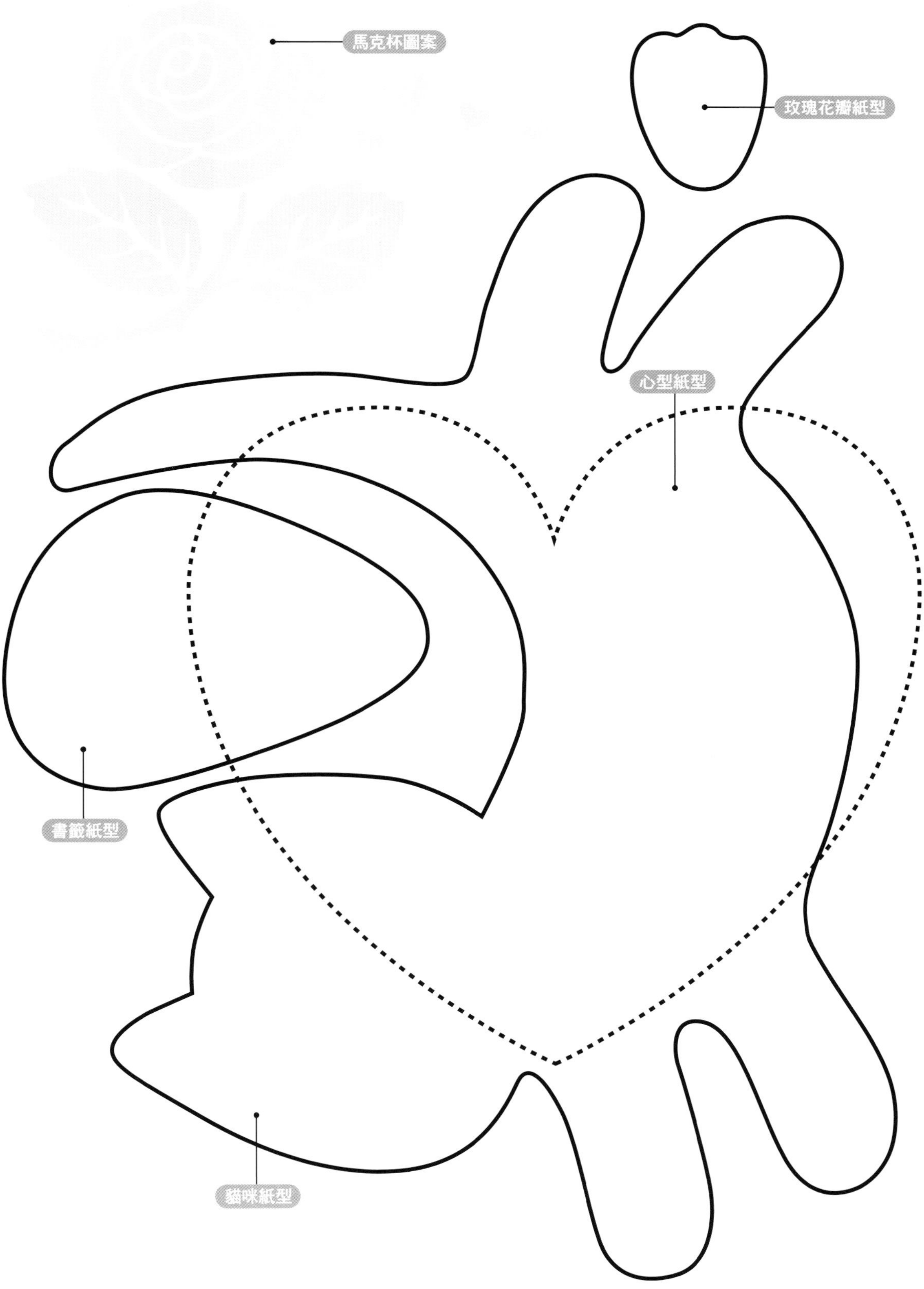
馬克杯圖案
玫瑰花瓣紙型
心型紙型
書籤紙型
貓咪紙型

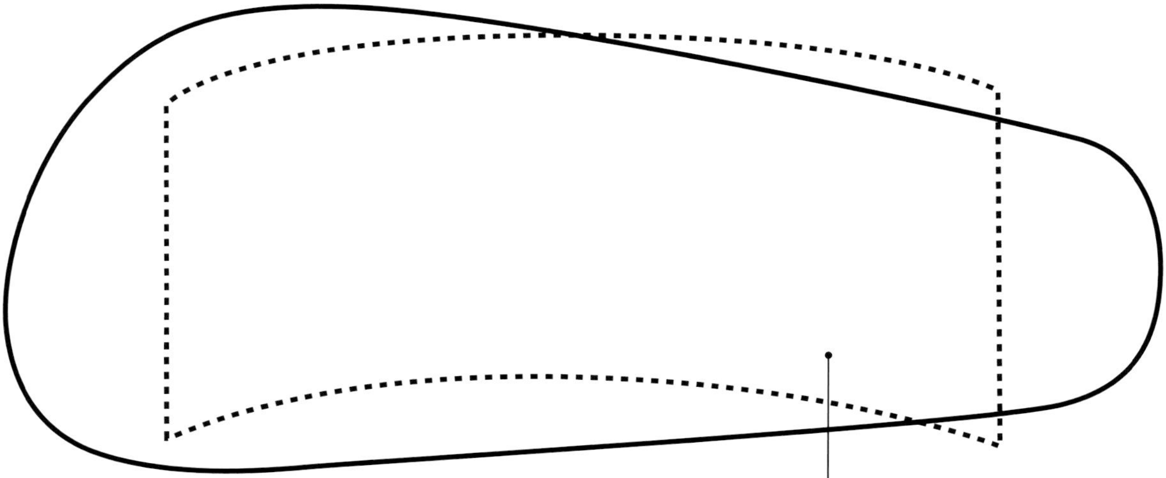

拖鞋紙型 請依個人需求放大使用

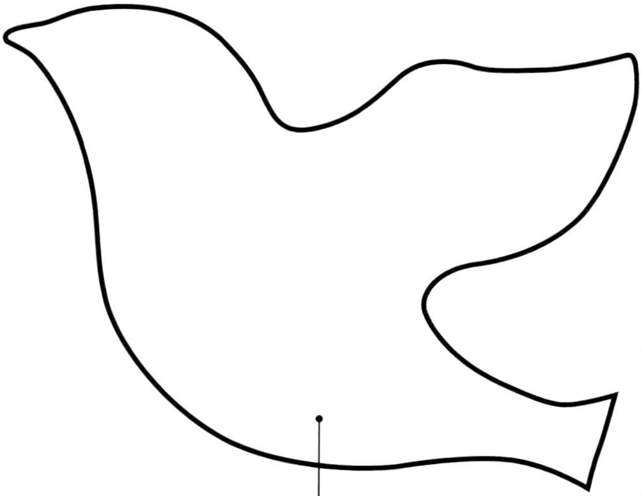

小吊飾紙型

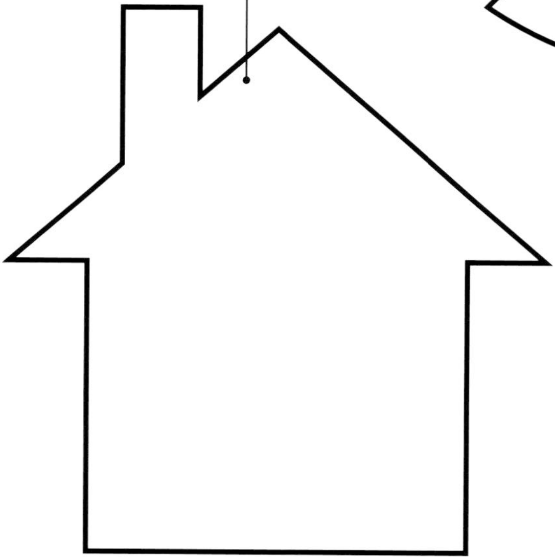

砧板紙型

by Mika

國家圖書館出版品預行編目資料

手創の幸福雜貨 / 許美嘉著. -- 第一版. --
臺北市 ： 腳丫文化, 2008.01
面 ； 公分. --（腳丫叢書 ； K026）
ISBN 978-986-7637-35-2（平裝）

1.手工藝

426.7　　96024135

腳丫文化
K026

手創の幸福雜貨

著作人：許美嘉
社長：吳榮斌
企劃編輯：許嘉玲
美術設計：游萬國
出版者：腳丫文化出版事業有限公司

總社・編輯部
地址：104 台北市建國北路二段66號11樓之一
電話：（02）2517-6688
傳真：（02）2515-3368
E-mail：cosmax.pub@msa.hinet.net

業務部
地址：241 台北縣三重市光復路一段61巷27號11樓A
電話：（02）2278-3158・2278-2563
傳真：（02）2278-3168
E-mail：cosmax27@ms76.hinet.net
郵撥帳號：19768287腳丫文化出版事業有限公司

國內總經銷：千富圖書有限公司（千淞・建中）
（02）8512-4067
新加坡總代理：POPULAR BOOK CO.(PTE)LTD. TEL:65-6462-6141
馬來西亞總代理：POPULAR BOOK CO.(M)SDN.BHD. TEL:603-9179-6333
香港代理：POPULAR BOOK COMPANY LTD. TEL:2408-8801
印刷所：通南彩色印刷有限公司
法律顧問：鄭玉燦律師（02）2915-5229
定價：新台幣 240 元
發行日：2008年 2月 第一版 第1刷
2月 第2刷